AF457940

8° R
26963

Prix: 2ᶠ
8.R
26963

PHYSIQUE

NOUVEAUX RÉSUMÉS SYNOPTIQUES

A L'USAGE

des candidats au baccalauréat de Premières C et D et de Philosophie

CONFORMES AUX NOUVEAUX PROGRAMMES DE 1909 ET 1912

ET AUGMENTÉS DE NOMBREUX EXERCICES RÉSOLUS ET A RÉSOUDRE

PAR

Victor BÉTHOUX
AGRÉGÉ DES SCIENCES PHYSIQUES
PROFESSEUR DE PHYSIQUE AU LYCÉE DE TOULOUSE

Jean LAFFON
PROFESSEUR DE PHYSIQUE
A L'ÉCOLE PRIMAIRE SUPÉRIEURE DE TOULOUSE

SIXIÈME ÉDITION, COMPLÈTEMENT REFONDUE

PARIS
LIBRAIRIE CLASSIQUE EUGÈNE BELIN
BELIN FRÈRES
8, RUE FÉROU, 8
A l'angle de la rue de Vaugirard, 50

1914

R.F. BIBLIOTHÈQUE NATIONALE IMPRIMÉS

8° R
26963

Constitution et états de la matière.

Constitution et états de la matière. — Les corps sont formés de matière, et cette idée de matière est inséparable de l'idée de poids et d'étendue ; donc un corps est pesant et occupe une portion déterminée de l'espace.

On admet que les corps sont composés de particules infiniment petites nommées *molécules*, situées à distance les unes des autres pour pouvoir expliquer la porosité, la compressibilité, etc. Elles sont ainsi maintenues par deux forces, l'une attractive, due à une propriété générale de la matière, l'autre répulsive due à la chaleur. On suppose de plus que ces molécules ne restent pas immobiles, mais exécutent des vibrations autour de leur position moyenne d'équilibre, en décrivant de petites orbites. Si on chauffe un corps, les orbites s'allongent, ce qui produit la dilatation, mais en même temps le mouvement vibratoire s'accélère et ce dernier effet produit l'élévation de température. Quand les molécules arrivent à faire environ 400 trillions de vibrations par seconde, leur mouvement transmis à notre rétine nous donne la sensation de la lumière.

Les corps peuvent se présenter sous trois états :

1° Dans l'**état solide**, la forme du corps est déterminée et ses molécules ne peuvent pas être séparées sans un certain effort qui caractérise sa cohésion. L'élasticité peut y être développée par pression, par flexion et par torsion.

2° Dans l'**état liquide**, la cohésion est sensiblement nulle, et le corps prend la forme du vase qui le contient. L'élasticité ne peut être développée que par pression, et les déformations sont toujours très faibles.

3° Dans l'**état gazeux**, les molécules se repoussent et les gaz remplissent tout l'espace qu'on leur offre en pressant contre les parois qui les contiennent. Les trajectoires des molécules deviennent des droites.

Mouvements. — Forces. — Principes de dynamique. — Masse.

Mouvements. — Un corps est en mouvement quand il occupe une série de positions dans l'espace, et la ligne qu'il suit se nomme *trajectoire*.

On distingue deux sortes de mouvements : le *mouvement uniforme* et le *mouvement varié*.

Un mouvement est uniforme quand le mobile parcourt des espaces égaux en temps égaux, quelque petits que soient les temps. La *vitesse* est l'espace parcouru en une seconde. Entre la vitesse, l'espace et le temps, comptés à partir de l'origine du mouvement, on a la relation :

$$e = vt.$$

Un mouvement est varié quand les espaces parcourus varient d'une manière quelconque avec le temps.

La vitesse, à un moment donné t, peut se définir de deux manières différentes :

1° C'est la vitesse du mouvement uniforme qui succéderait au mouvement varié, si à l'instant considéré on supprimait la force qui agit sur le mobile.

2° Si à partir de l'instant t le mobile parcourt un espace très petit Δe dans un temps très petit Δt, la vitesse est égale à la limite du rapport $\frac{\Delta e}{\Delta t}$ quand le temps Δt devient infiniment petit.

On appelle *accélération* la variation de vitesse par seconde. — Quand l'accélération est constante, le mouvement est *uniformément varié*, et en désignant par γ l'accélération, par v_0 la vitesse initiale, les formules du mouvement sont :

$$\left\{\begin{array}{l} v = v_0 \pm \gamma t \\ e = v_0 t \pm \frac{1}{2}\gamma t^2, \end{array}\right. \quad \text{et si } v_0 \text{ est nul} \left\{\begin{array}{l} v = \gamma t \\ e = \frac{1}{2}\gamma t^2 \end{array}\right.$$

Forces. — On appelle **force** toute cause capable de produire un mouvement ou de le modifier.

Dans toute force il y a trois éléments à considérer : 1° son *point d'application* ; 2° sa *direction* ; 3° son *intensité*.

L'intensité se mesure en kilogrammes avec des instruments nommés *dynamomètres*. On représente géométriquement une force par une flèche, partant du point d'application, dirigée suivant la force, et dont la longueur est proportionnelle à l'intensité de la force.

Quand plusieurs forces agissent simultanément sur un corps, elles peuvent, dans certains cas, se composer en une force unique appelée *résultante*, et les forces elles-mêmes en sont les *composantes*.

Composition des forces. — 1° *Les forces appliquées au même point ont la même direction.* — La résultante est égale à leur somme algébrique.

2° *Deux forces appliquées au même point ont des directions différentes.* — La résultante est représentée en grandeur et en direction par la diagonale du parallélogramme construit sur ces deux forces (1).

F R F'

1

Mouvements. — Forces. — Principes de dynamique. — Masse.

Forces. — **Composition des forces.** — S'il y a plus de deux forces, on compose les deux premières, puis la résultante obtenue avec la troisième, et ainsi de suite. — *Polygone des forces.* Cas où il y a équilibre. — La résultante définitive est nulle.

3° *Deux forces parallèles et de même sens.* — La résultante leur est parallèle, égale à leur somme, et partage la droite AB qui joint leurs points d'application en deux segments OA et OB, tels que $F \times OA = F' \times OB$ (2).

4° *Deux forces parallèles et de sens contraire.* — La résultante leur est parallèle, égale à leur différence et appliquée en un point O de AB, tel que l'on ait encore :

$$F \times OA = F' \times OB \ (3).$$

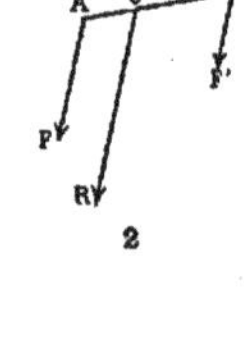

Si les deux forces F et F' sont égales, la résultante est nulle et le système forme un *couple* qui a pour effet de faire tourner le corps.

Plus généralement, on pourrait composer un nombre quelconque de forces parallèles, et le point d'application de la résultante invariable se nomme : *centre des forces parallèles.*

Réciproquement, on peut décomposer une force en deux autres suivant deux directions quelconques, ou en deux autres forces parallèles appliquées en des points déterminés.

Principes de dynamique. — Masse. — La dynamique étudie la nature du mouvement que les forces peuvent imprimer à un corps. Elle repose sur deux principes :

1° **Principe de l'inertie ou de Képler.** — *Un corps ne peut pas de lui-même changer son état de repos ou de mouvement.* Donc, s'il est au repos, il doit y rester indéfiniment, et, s'il est en mouvement, ce mouvement doit être rectiligne et uniforme.

2° **Principe des mouvements relatifs ou de Galilée.** — *Si un système de points est entraîné d'un mouvement commun, et si l'un de ces points vient à être sollicité par une force étrangère, ce point obéit à la force comme si le mouvement d'entraînement n'existait pas.*

Comme conséquences, on en déduit :

1° *Une force constante imprime à un corps un mouvement uniformément accéléré.*

2° *Si des forces constantes mais différentes F, F', F''... agissent sur un même corps, elles lui communiquent des accélérations $\gamma, \gamma', \gamma''$, proportionnelles aux forces.* On a donc :

$$\frac{F}{\gamma} = \frac{F'}{\gamma'} = \frac{F''}{\gamma''} = m.$$

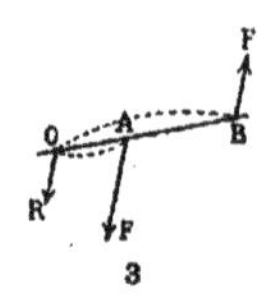

Ce quotient constant qui caractérise le corps se nomme la *masse* du corps. Si en particulier la force qui agit est le poids P, l'accélération correspondante est g, et à Paris $g = 9^m,81$. On a aussi $\frac{P}{g} = m$, et l'unité de masse sera celle de tout corps pesant $9^k,81$ à Paris. — La relation précédente $\frac{F}{\gamma} = \frac{F'}{\gamma'} = \frac{F''}{\gamma''} = \frac{P}{g} = m$ est vraie, quelles que soient les unités employées pour mesurer les forces et les accélérations. En mécanique, on prend pour unité de force le kilogramme et pour unité d'accélération le mètre, de sorte que, si un corps pèse 20 kilogrammes à Paris, sa masse est $\frac{20}{9,81}$. En physique, l'unité de force est la *dyne*, et l'unité d'accélération est le centimètre, *de plus on prend pour unité de masse celle du gramme* et il faut alors que 1 gramme-poids à Paris vaille 981 dynes pour que le quotient de son poids par 981 soit 1. Avec ces unités de physique un corps de masse m a un poids P donné par la formule fondamentale suivante :

$$P_{dynes} = m \times 981, \text{ à Paris, et } P_{dynes} = m \times g \text{ en un lieu quelconque.}$$

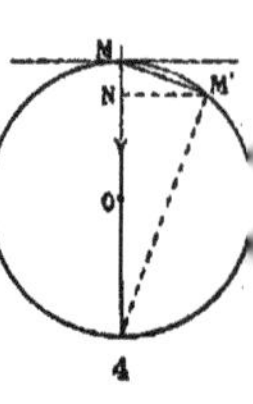

Applications. — 1° **Mouvement circulaire uniforme.** — Quand un mobile M parcourt un cercle de rayon r d'un mouvement uniforme, il tend à chaque instant à suivre la tangente en vertu de l'inertie; donc, pour qu'il reste sur la circonférence, il doit être soumis à chaque instant à l'action d'une force qui, par raison de symétrie, doit être dirigée vers le centre et qu'on nomme *force centripète.* Si en une seconde le mobile parcourt l'arc $MM' = v$, arc supposé assez petit pour pouvoir le confondre avec sa corde, sous l'action de la force centripète le mobile se sera déplacé de MN en une seconde, et, si γ est l'accélération de cette force, on a $\gamma = 2MN$. Mais on a aussi (4) :

$$\overline{MM'}^2 = 2r \times MN, \text{ ou } v^2 = r.\ 2MN, \text{ d'où } \gamma = \frac{v^2}{r}.$$

La force centripète agit pour vaincre l'inertie du mobile, sa réaction est appelée *force d'inertie* ou *force centrifuge*, et elle agit par suite en sens inverse du rayon. On tient compte de cette force dans les courbes de chemin de fer, la construction des volants, etc.

Travail d'une force. — Unités de travail et de puissance. Principe de la conservation du travail.

Travail d'une force. — Si une force F déplace son point d'application suivant sa propre direction d'une longueur MM', le travail, par définition, est égal au produit $F \times MM'$. — Si le déplacement MM' a lieu suivant une direction différente de celle de la force, on peut alors décomposer la force F en deux composantes, l'une f' perpendiculaire au déplacement et qui est sans effet, l'autre f suivant le déplacement, cette dernière seule produit le travail. Ce travail vaut donc dans ce cas $f \times MM'$. — Si MA est la projection du déplacement sur la force F, il est visible que l'on a aussi :

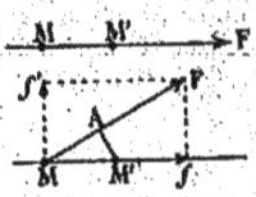

$$f \times MM' = F \times MA. \quad (5)$$

5

Enfin si le mobile entraîné par la force F a une masse m et si les vitesses sont V et V' quand il passe aux points M et M', on démontre que le travail accompli entre ces deux points est aussi donné par :

$$T = \frac{1}{2} m \left(V'^2 - V^2\right).$$

Unités de travail et de puissance. — L'unité de travail en Mécanique est le *kilogrammètre ;* il correspond à une force de 1 kilogramme déplaçant son point d'application de 1 mètre. En Physique, l'unité de travail est l'*erg* qui correspond à une dyne et à un déplacement de 1 centimètre. L'*unité pratique* est le *joule* qui vaut 10^7 ergs.

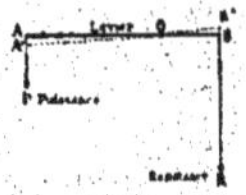

La *puissance* d'une force est le travail qu'elle accomplit en 1 seconde. L'unité de puissance est en Mécanique le *kilogrammètre-seconde*, et pratiquement le *cheval-vapeur* qui vaut 75 kilogrammètres-seconde. En Physique, l'unité est l'*erg-seconde*, et pratiquement le *joule-seconde* ou *watt*. — Un cheval-vapeur vaut 736 watts.

6

Principe de la conservation du travail. — Quand on utilise une force pour produire du travail, on emploie souvent un système de corps intermédiaires qui constituent une machine, et, en négligeant les frottements, la machine restitue simplement tout le travail que lui a confié la force. De là *le principe de la conservation du travail.* Exemples :

1° **Levier.** — C'est une barre mobile autour d'un point fixe O et que nous supposerons en équilibre d'elle-même horizontalement. Si aux deux bras on applique deux forces parallèles, l'une P *puissance*, l'autre R *résistance*, il y aura équilibre, conformément à l'expérience, si l'on a : (6)

$$P \times OA = R \times OB ;$$

par conséquent si $R = 5P$, on a aussi :

$$OA = 5\,OB.$$

Si la force P légèrement augmentée fait tourner le levier d'un petit angle, les points A et B décrivent de petits arcs de cercle et l'arc $AA' = 5$ arcs BB', donc le travail de la puissance égale le travail de la résistance.

2° **Poulies.** — Considérons le système des deux poulies A et B, où A est mobile et supporte un poids P, tandis que B est fixe, et un cordon fixé à un bout passant sur les deux poulies. La force F qui équilibre le poids P ne vaut que $\frac{P}{2}$, mais si F augmente légèrement et déplace le cordon d'une longueur l, le poids P ne monte que de $\frac{l}{2}$. Donc le travail moteur Fl ou $\frac{P}{2} l$ égale le travail résistant $P\frac{l}{2}$ (7).

7

3° **Plan incliné.** — Pour soulever directement un poids P d'une hauteur h le travail à dépenser est Ph, mais on peut lui faire atteindre la même hauteur en suivant un plan incliné AB avec une force moindre. En effet, si on décompose le poids P en deux forces, l'une f' normale et sans effet, et l'autre f parallèle au plan, cette dernière tend à faire rouler le corps en bas, et sa valeur est donnée par :

$$\frac{f}{P} = \frac{h}{AB}, \text{ d'où } f = P.\frac{h}{AB}. \quad (8)$$

On fera monter le corps en exerçant une action contraire et légèrement supérieure à f, et le travail de f pour le parcours AB sera $f \times AB = P\frac{h}{AB} \times AB = Ph$.

8

Remarque : Ces exemples justifient le dicton « *ce qu'on gagne en force, on le perd en chemin parcouru* ».

Mesure des masses. — Balance. — La balance mesure la masse des corps. Il faut remarquer, en effet, qu'un poids marqué, 20 gr. par exemple, ne pèse 20 gr. qu'à Paris ; transporté ailleurs, son poids change, mais sa masse seule ne change pas. Donc si un corps est équilibré sur la balance par ce poids de 20 gr., on peut simplement dire que la masse du corps est aussi 20 gr.

Description d'une balance : fléau, couteaux, plateaux, aiguille et cadran divisé.

Conditions de justesse. — 1° *Le système mobile, fléau et plateaux, doit rester en équilibre horizontalement.* Cette condition est facile à réaliser avec une surcharge convenable.

2° *Des poids égaux placés dans chaque plateau doivent se faire équilibre.* Ceci revient à dire que *les bras de levier doivent être égaux.* En effet, la résultante des deux poids passant par le couteau, on a $Pl = Pl'$ ou $l = l'$.

Vérification. — Pour vérifier si $l = l'$, on équilibre un poids P avec une tare T et on a alors : $Pl = Tl'$; ensuite on intervertit les poids, et, si l'équilibre subsiste, on a aussi $Tl = Pl'$, d'où $l = l'$.

Conditions de sensibilité (9). — En réalité, il n'y a pas de balances justes, mais elles peuvent être sensibles. Soit ACB le fléau d'une balance en équilibre horizontal ayant alors son centre de gravité en G sur la verticale passant par le couteau C. Si on ajoute en A un poids de 1mmg, ce poids se compose avec le poids π du fléau appliqué en G, et la résultante passera en G' par exemple sur AG. La balance tournera de l'angle GCG' pour que cette résultante soit détruite par le couteau C.

9

On voit alors que cet angle sera d'autant plus grand, 1° que CA sera plus long, 2° que π sera plus petit, 3° que CG sera plus petit. En d'autres termes, *le fléau doit être aussi long et aussi léger que possible, et la distance de son centre de gravité au couteau doit être très petite.*

Balance de précision. — Ces conditions sont réalisées dans les balances de précision. Le fléau est évidé en losange pour être long et léger, un écrou mobile peut rapprocher G du couteau O. Longue aiguille inférieure mobile devant un arc gradué. Règle divisée au-dessus du fléau. Cage vitrée et desséchée pour éviter l'oxydation. (10)

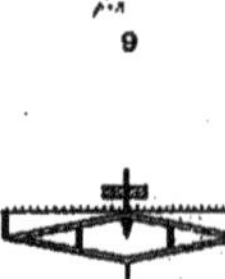

10

Double pesée. — Avec une balance très sensible on fait des pesées justes. Le corps placé sur un plateau est équilibré avec une tare dans l'autre, puis le corps enlevé, on équilibre la tare avec des poids marqués. En complétant l'équilibre avec un cavalier en platine de 1mmg placé au $\frac{1}{10}$ ou au $\frac{1}{20}$ de la règle, il produira l'effet de $\frac{1}{10}$ ou $\frac{1}{20}$ de mmg. placé dans le plateau.

Pesanteur.

Etude de la pesanteur. — Direction. — Point d'application. — Intensité.

Définition. — La pesanteur est la cause qui fait tomber les corps vers la terre. C'est un cas particulier de l'attraction universelle découverte par Newton. *Les corps s'attirent proportionnellement à leurs masses, et en raison inverse du carré de leurs distances.*

Comme dans toute force, on doit étudier ses trois éléments : *direction, point d'application* et *intensité.*

Direction. — La direction de la pesanteur en un lieu est donnée par celle du fil à plomb. Cette direction est la *verticale* du lieu et elle est perpendiculaire à la surface des eaux tranquilles. La terre étant à peu près sphérique, pour deux points de la mer distants de 111 kilom. les verticales font un angle de 1°. L'angle est de 1' pour deux points distants de 1850m (lieue marine).

Point d'application. — Toutes les molécules d'un corps sont pesantes et la résultante des petites forces qui y sont appliquées constitue le *poids* du corps, appliqué lui-même en un point invariable nommé *centre de gravité.* La position de ce point est importante à connaître pour les cas d'équilibre ou de mouvement que peut prendre un corps.

Ainsi, si un corps est mobile autour d'un point ou d'un axe horizontal, le corps est en équilibre quand la verticale du centre de gravité rencontre ce point ou cet axe. L'équilibre est *stable* si le centre de gravité est au-dessous du point ou de l'axe, *indifférent* s'il est sur le point ou sur l'axe. (Roue autour de son essieu.)

Quand un corps repose sur un plan horizontal par plusieurs points, il est en équilibre quand la verticale du centre de gravité tombe à l'intérieur du polygone d'appui.

Intensité. — En un lieu donné, l'intensité de la pesanteur sur un corps, ou son poids, varie avec les dimensions du corps ou avec sa nature. Aussi on fixe l'intensité de la pesanteur par le poids qui agit sur l'unité de masse. Puisqu'on a :

$$P = m \times g^{dynes} \text{ pour l'unité de masse, } P = g^{dynes},$$

donc l'intensité de la pesanteur en dynes se mesure par le même nombre que g en centimètres. On est ainsi conduit à la mesure de l'accélération des corps qui tombent.

Lois. — 1° *Dans le vide tous les corps tombent également vite* (tube de Newton);
2° *Les espaces parcourus sont proportionnels aux carrés des temps;*
3° *Les vitesses acquises sont proportionnelles aux temps.*

La vérification des deux dernières lois peut se faire de diverses façons.

Machine d'Atwood. — **Description de l'appareil d'Atwood.** — Le mouvement n'ayant pas lieu dans le vide, on rend la résistance de l'air très faible en ralentissant le mouvement; on y parvient en obligeant le poids p d'une petite masse m à entraîner la masse totale $2M + m$.

Pour la loi des espaces, il suffit d'un curseur plein. Si on mesure l'espace parcouru en une seconde et si on trouve $e_1 = 12^c$, pour des chutes de 2, 3, 4 secondes, on trouvera :

$$e_1 = 12, \quad e_2 = 12 \times 4, \quad e_3 = 12 \times 9, \quad e_4 = 12 \times 16;$$

ou $e = Kt^2$, K valant ici 12^{cm}.

Pour la loi des vitesses, il faut un curseur annulaire suivi du curseur plein. Si on mesure la vitesse acquise après une seconde de chute, on trouve $V_1 = 24^c$, et, après 2, 3, 4 secondes, on trouverait :

$$V_1 = 24, \quad V_2 = 24 \times 2, \quad V_3 = 24 \times 3 \ldots$$

D'où $V = 2Kt$. — Le nombre 24 est l'accélération γ du mouvement; et, si nous écrivons les deux formules en fonction de γ, elles deviendront :

$$V = \gamma t, \quad \text{et} \quad e = \frac{1}{2}\gamma t^2.$$

Enfin, si la masse totale $2M + m$ restant constante, on faisait croître m, *les lois resteraient les mêmes*, mais γ irait en croissant, et à la limite pour $M = 0$, la chute serait libre et γ atteindrait la valeur de g au lieu de l'expérience.

Enfin, on peut avec cet appareil vérifier *le principe de la proportionnalité des forces aux accélérations*. Pour cela on surcharge les deux masses M de 4 masses égales m et il y a équilibre. Mais si on fait passer une masse m de droite à gauche, le mouvement sera produit par la force $2p$ et aura une accélération γ. En transportant une deuxième masse m, le mouvement sera produit par $4p$ et la nouvelle accélération sera γ'. Mais la masse totale n'a pas changé, et on trouve $\gamma' = 2\gamma$.

Plan incliné. — Galilée faisait rouler une bille dans une petite rigole pratiquée le long d'un madrier incliné, et si P est le poids de la bille, AB la longueur du plan, h sa hauteur, la force f qui la fait rouler est $f = P\frac{h}{AB}$; cette force peut être rendue très petite et la résistance de l'air négligeable (11). Si $e_1 = 8^c$ est l'espace parcouru en une seule seconde, pour 2, 3, 4 secondes, on trouvera :

$$e_1 = 8, \quad e_2 = 8 \times 4, \quad e_3 = 8 \times 9, \quad e_4 = 8 \times 16;$$

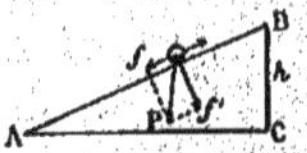

d'où la loi $e = Kt^2$, et l'accélération serait $2K = 16$.

Si AB restant constant h devient double, triple; la force f devient double ou triple, et on constate aussi que 2K croît dans le même rapport en tendant vers g. D'où la démonstration de la proportionnalité des forces aux accélérations, et aussi des lois en chute libre.

11

Machine de Morin. — **Description.** — Comment on rend le mouvement de rotation du cylindre uniforme. — Ici, la chute du corps est libre, mais il a une pointe conique, et la durée de la chute n'est qu'une fraction de seconde, par suite la résistance de l'air est négligeable. — Le corps en tombant trace une courbe sur la feuille de papier qui entoure le cylindre, et, en étalant la feuille sur un plan, on y trouve une droite OC qui est la circonférence développée et décrite par le crayon avant la chute, puis une courbe tangente à cette droite en O par exemple (12).

En prenant des longueurs égales OA, AB, BC... elles correspondront à des temps égaux, et les perpendiculaires AA', BB', CC'... menées jusqu'à la courbe correspondront à des temps 1, 2, 3...

On trouve : $BB' = 4AA', \quad CC' = 9AA'.$

Donc la loi des espaces est vérifiée, et on en conclut même que la courbe est une parabole.

Morin en se servant d'un cylindre qui avait 1 mètre de tour, avec une feuille de papier ayant 1000 génératrices distantes de 1 millimètre, le cylindre faisant un tour par seconde, a pu ainsi mesurer le temps au 1/1000e de seconde, les espaces parcourus au millimètre près, de sorte qu'en appliquant à CC', par exemple, la formule :

$$e = \frac{1}{2}gt^2,$$

on peut obtenir une valeur très approchée de g.

12

Résistance de l'air.

Influence de la résistance de l'air. — Les résultats précédents sont relatifs au vide. Dans l'air les corps éprouvent une résistance qui croît proportionnellement à la vitesse quand celle-ci n'est que de quelques centimètres et proportionnellement au carré de la vitesse quand celle-ci est plus grande. Donc un corps qui tombe d'une grande hauteur éprouvera bientôt une résistance égale et de sens contraire à son poids, alors il continuera à se mouvoir *uniformément* avec la *vitesse limite* acquise à cet instant.

Pour des boules de *même volume*, mais dont les poids seraient 1, 4, 9, 16..., les vitesses limites seraient entre elles comme 1, 2, 3, 4. En particulier pour des boules de 1 centimètre de diamètre et formées d'eau, de plomb, d'or, les vitesses limites sont 15m,5, 53 mètres, 69 mètres. Pour les gouttes d'eau microscopiques qui forment les brouillards la vitesse limite tombe à 30 ou 40 centimètres.

Conséquences. — 1° La portée des projectiles est considérablement réduite par la résistance de l'air; 2° dans les locomotives, on la diminue en les munissant à l'avant de deux surfaces en biseau; 3° enfin dans les aéroplanes, la grande vitesse des palettes inclinées de l'hélice produit une forte traction, et la résistance de l'air sur les ailes inclinées à environ 10°, donne naissance à une pression normale R, qui décomposée en deux montre, la composante f' qui soutient l'appareil, et la composante f qui est l'effort à vaincre par l'hélice. De même s'explique l'action des gouvernails de direction d et de profondeur p (13).

13

Pendule. — Mesure de g. Ses variations.

Théorie du pendule. — Le pendule idéal est constitué par un point pesant suspendu à l'extrémité d'un fil inextensible et sans poids. En équilibre, il réalise un fil à plomb, mais si on l'écarte d'un angle α, le poids constant p de la masse pesante peut se décomposer en deux forces, l'une dirigée suivant le fil et sans effet, l'autre dirigée suivant la tangente à l'arc décrit et qui entraîne la masse A. Cette force diminue à mesure que A descend, le mouvement est accéléré, mais non uniformément accéléré; la vitesse est maximum à la verticale et le mobile peut remonter au point symétrique A'' (14). Ensuite il redescend et effectue ainsi une série d'oscillations.

14

Lois des petites oscillations. — Les seules intéressantes à étudier sont les petites oscillations pour lesquelles α ne dépasse pas 1° ou 2°. — Galilée a vérifié le premier qu'elles ont la même durée, ou sont *isochrones*. — Le calcul apprend que cette durée est donnée par :

$$t = \pi\sqrt{\frac{l}{g}},$$ qui traduit les lois suivantes :

1° *La durée des petites oscillations est indépendante de la matière qui forme le pendule;*
2° *Elle est proportionnelle à la racine carrée de la longueur du pendule;*
3° *Elle est en raison inverse de la racine carrée de g au lieu de l'expérience.*

Pour vérifier la 1re loi, il suffit de changer la masse pesante du pendule et de constater que la durée de l'oscillation reste constante; pour la 2e on prendra trois pendules de longueur 1, 4, 9, les durées d'oscillation seront 1, 2, 3. — On admet comme vraie la 3e loi, et on l'utilise pour mesurer g.

Mesure de g. — Théoriquement, il suffit de mesurer l et t en un lieu pour en déduire g.

La durée t pourra se connaître en mesurant le temps T de 1000 oscillations par exemple et en divisant ce temps par 1000.

La mesure de l est plus difficile, car on emploie un pendule composé. Celui de Borda était formé d'un couteau supportant un fil et à l'extrémité duquel était fixée une sphère de platine. Le centre de gravité du couteau avait été disposé de façon que ce couteau était sans influence, et que le pendule pouvait se réduire au fil et à la sphère. En appelant a la distance du couteau au centre de la sphère et r le rayon de la sphère, la longueur du pendule simple équivalent ou *synchrone* était (15) :

$$l = a + \frac{2}{5}\frac{r^2}{a}.$$

15

Avec quelques corrections relatives à l'air, on a trouvé à Paris, $g = 981$ centimètres.

Variations de g. — 1° **En altitude.** — Si en un même lieu, Paris par exemple, on s'élève verticalement dans l'air, g diminue. Si R est le rayon terrestre correspondant et h la hauteur, g' la nouvelle valeur de g, celle-ci est donnée par la loi de Newton :

$$\frac{g'}{g} = \frac{R^2}{(R+h)^2}.$$

Von Jolly l'a montré ainsi. — Une balance très sensible est installée à l'étage supérieur d'une maison et sous les plateaux sont accrochés deux fils supportant d'autres plateaux au niveau du sol, et dans ce cas, à 21 mètres plus bas. Sur les plateaux supérieurs on a équilibré avec quelques grains de tare deux ballons pleins de mercure et de 5 kilogrammes environ. Ensuite on descend l'un des ballons dans le plateau inférieur correspondant, la balance penche de ce côté, et il faut 32 milligrammes pour rétablir l'équilibre. — Ce nombre vérifie la loi de Newton, car il est égal à :

$$Mg - Mg' = 5000\ (g - g'),\ g' \text{ étant déduit de l'équation ci-dessus.}$$

2° En latitude. — Si on compare les valeurs de g mesurées au niveau de la mer à diverses latitudes, on trouve que g croît de l'équateur aux pôles. Ainsi :

$$g_0 = 978^c,\quad g_{45} = 981^c,\quad g_{90} = 983^c.$$

Cette variation est due : 1° à l'aplatissement de la terre aux pôles, et 2° en grande partie à la force centrifuge. Chaque point de la terre décrit un parallèle en 24 heures, et il est soumis à la force centrifuge dirigée suivant le rayon de ce cercle (16). Cette force peut se décomposer en deux, l'une tangente à la terre, et l'autre dirigée en sens inverse du rayon et qui diminue d'autant plus le poids du corps que celui-ci tourne plus vite ou est plus voisin de l'équateur.

16

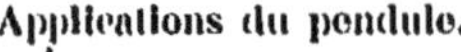

Applications du pendule.

La pesanteur est un cas de l'attraction universelle.

Horloges et chronomètres. — Une horloge consiste essentiellement en une série de roues engrenant les unes avec les autres et mises en mouvement par un treuil et un poids. Sous l'action de ce poids le mouvement des roues tendrait à s'accélérer, mais la dernière d'entre elles, nommée *roue des rencontres*, est arrêtée par les dents d'une ancre qui oscille avec un pendule. A chaque oscillation double du pendule, cette roue tourne d'une dent, et, si elle porte 30 dents et que le pendule batte la seconde, cette roue pourra commander l'aiguille des secondes. De plus, les extrémités des dents de la roue et de l'ancre sont taillées de façon qu'au moment où une dent se dégage de l'ancre, elle communique à l'ancre une petite impulsion qui se transmet au pendule et entretient son mouvement d'oscillation (17).

17

Ce mécanisme, dû à Huyghens, est aussi appliqué aux chronomètres et aux montres, mais ici le mouvement est communiqué aux roues par l'action d'un ressort et d'une fusée. Le pendule est remplacé par une roue très légère, actionnée par un fin ressort spiral dont une extrémité est liée à un talon fixe, tandis que l'autre est fixée sur le pourtour de l'axe de cette roue nommée *balancier*. Le spiral déformé revient à sa position d'équilibre en entraînant le balancier et en effectuant des oscillations isochrones. Le balancier exécute donc un mouvement de va-et-vient; son axe, convenablement entaillé, produit les échappements sur la roue des rencontres, et, comme pour les horloges, chaque échappement communique une impulsion au balancier qui entretient son mouvement. On réglo la montre en raccourcissant plus ou moins le spiral (18).

Newton, en interprétant les lois de Képler sur les planètes, avait été conduit à dire, que le mouvement d'une planète autour du soleil avait lieu *comme s'il existait entre ces deux astres une attraction proportionne le à leurs masses et en raison inverse du carré de leurs distances.* Il était alors naturel de penser que cette attraction doit exister entre deux corps matériels quelconques; qu'en particulier la pesanteur est due à l'attraction des corps par la terre, et, comme cette attraction s'exerce à toute distance et par suite jusqu'à la lune, il devenait probable que la force centripète qui maintient la lune sur son orbite est la même que la pesanteur terrestre à la distance de la lune. — En effet l'orbite de la lune est sensiblement circulaire et a pour rayon 60 rayons terrestres, R. — Puisque à la surface de la terre, ou à la distance R du centre, l'attraction est 981 centimètres, à la distance de la lune elle vaudra :

$$\frac{981^c}{\overline{60}^2} = 0^c,272.$$

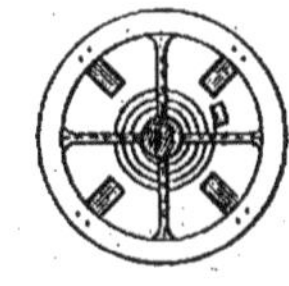

18

D'autre part l'accélération d'une force centripète est $\gamma = \frac{V^2}{r}$; or ici $V = \frac{2\pi \cdot 60R}{T}$, T étant la durée de la révolution de la lune en secondes, nombre connu 39343×60; $r = 60R$, donc cette accélération vaut :

$$\frac{4\pi^2 \times 60R}{\overline{39343}^2 \times \overline{60}^2} = \frac{4\pi^2 R}{\overline{39343}^2 \times 60} = 0,271.$$

On voit donc que les deux valeurs sont bien égales.

Les physiciens ont cherché à vérifier l'attraction de la matière pour la matière; la constante de l'attraction, c'est-à-dire la force en dynes qui agit sur deux unités de masse à 1 centimètre de distance, est :

$$K = 6,7 \times 10^{-8} \text{ dyne.}$$

Formes de l'énergie. — On dit qu'un corps possède de l'énergie lorsqu'il est susceptible de produire du travail.

1° **L'énergie peut être cinétique**, comme c'est le cas d'un corps en mouvement. S'il rencontre un obstacle, il agira sur lui jusqu'à ce que sa vitesse V s'annule; par suite, si m est sa masse, le travail qu'il pourra produire vaudra $\frac{1}{2} mV^2$. L'expression mV^2 se nomme *force vive*, de sorte que l'énergie vaut la moitié de la force vive.

2° **L'énergie peut être potentielle.** — Ainsi, si une pompe élève une masse m d'eau dans un réservoir à une hauteur h, le travail dépensé sera mgh. Cette eau peut rester emmagasinée et immobile, mais elle possède de l'énergie latente ou potentielle résultant de son élévation de niveau, et, en effet, il suffit de la laisser retomber pour qu'elle restitue l'énergie mgh. De même, pour un ressort tendu, une masse de poudre qu'on enflamme, etc...

Un corps peut posséder simultanément ces deux formes d'énergie; c'est le cas d'un mobile lancé de bas en haut : l'énergie cinétique diminue à mesure qu'il monte, mais son énergie potentielle augmente, et on peut vérifier que la somme des deux énergies reste constante.

3° **L'énergie peut exister sous forme de chaleur.** — Un corps de masse m en mouvement peut éprouver des frottements ou des chocs sans accomplir de travail extérieur; sa vitesse descend de V à V' et sa perte d'énergie cinétique est $\frac{1}{2} m (V^2 - V'^2)$. Dans ce cas apparaît de la chaleur, et l'on a constaté qu'une perte de 4,17 joules équivaut à une petite calorie. L'énergie s'est donc transformée en chaleur, et réciproquement cette chaleur peut régénérer du travail.

4° L'énergie peut aussi se manifester sous forme de **lumière** (action sur les sels d'argent), sous forme d'**actions chimiques**, par exemple avec les combustions.

Remarque. — L'électricité ne doit pas être envisagée comme un mode de l'énergie; c'est un agent de transformation, comme l'eau citée plus haut. En effet, en dépensant de l'énergie mécanique ou chimique, on élève le potentiel de l'électricité, et celle-ci en retombant à un potentiel inférieur restitue l'énergie dépensée. M coulombs qui tombent de V volts donnent, comme on l'apprendra, MV joules, valant $\frac{MV}{4,17}$ calories.

Transformations de l'énergie. — L'énergie cinétique peut se transporter par courroies ou engrenages avec une perte faible, de même, elle peut être transformée en énergie potentielle avec une pompe ou une machine électrique et le rendement est au moins de 90 p. 100. Une destruction d'énergie par frottements ou chocs peut aussi se convertir presque intégralement en chaleur; les exemples abondent. Mais inversement, sous la forme de chaleur, l'énergie se convertit difficilement en travail mécanique; le rendement est de 10 à 20 p. 100. Sous forme de chaleur, l'énergie est dans les plus mauvaises conditions pour donner du travail; on dit alors qu'elle est *dégradée*. C'est par l'intermédiaire de l'électricité que les transformations sont le plus faciles à réaliser. Le travail mécanique, la chaleur, les actions chimiques élèvent le potentiel de l'électricité; celle-ci à son tour peut créer du travail, de la chaleur, de la lumière, opérer des actions chimiques.

La Physique étudie les modifications de l'énergie. Toute celle dont nous pouvons disposer vient du soleil, nous ne pouvons ni en créer, ni en détruire, de sorte que l'énergie totale de notre univers est constante. De là *le principe de la conservation de l'énergie.*

Exercices.

1. — Un corps tombe d'une hauteur de 100^m, quelle vitesse a-t-il en arrivant au sol ? $g = 981^c$.

2. — Un corps, en arrivant au sol, a parcouru 25^m dans la dernière seconde de sa chute, de quelle hauteur est-il tombé ? On donne $g = 981^c$.

3. — On lance un corps verticalement de bas en haut avec une vitesse initiale de 100^m, à quelle hauteur monte-t-il ? $g = 981^c$.

4. — Du haut d'une tour de 100^m on laisse tomber un corps, et au même instant on en lance un autre verticalement du pied de la tour avec une vitesse v_0. Que vaut cette vitesse, sachant que la rencontre a lieu au milieu de la tour ? $g = 981^c$.

5. — Décomposer une force de 16^{kg} en deux autres forces parallèles et de même sens, sachant que leurs points d'application sont distants de 20^{cm} et que leurs intensités sont dans le rapport de 2 à 5.

6. — Au bout d'un bras de levier de 5^m on agit avec une force de 20^{kg}, que doit valoir le second bras du levier pour équilibrer ainsi 95^{kg}. Si on a soulevé ce poids de 50^{cm}, que vaut ce travail en kilogrammètres et en joules ?

7. — Sur un plan incliné dont la longueur a 100^m et la hauteur 10^m, on veut faire rouler un tonneau pesant 250^{kg}. Quel est l'effort à exercer, et que vaudra le travail accompli lorsque le tonneau a parcouru 70^m ?

8. — Avec une balance dont les bras de levier sont inégaux, on a pesé un même corps en le plaçant successivement dans chaque plateau, et on a trouvé 50^{g} et 52^{g}. Quel est le poids vrai du corps ?

9. — Dans une machine d'Atwood, les deux masses égales sont de 100^{g}, et entre la 2e et la 3e seconde la masse surchargée a parcouru 24^{cm}. Quelle est la valeur de la masse additionnelle ? On donne $g = 981^{c}$.

10. — La longueur d'un plan incliné est $1^{m},50$ et sa hauteur est 20^{cm}, que vaudra l'accélération d'un corps qui roule sur ce plan ? On donne $g = 981$. Que devient-elle si la hauteur du plan est 10^{c} ?

11. — Une horloge bat la seconde à Paris où g vaut 981^{c}, de combien retarderait-elle par jour si on la transporte à l'équateur où g vaut 978^{c} ?

12. — Un corps, pour tomber d'une certaine hauteur, emploie le même temps qu'un pendule de 50^{cm} de longueur pour effectuer 4 oscillations. Quelle est cette hauteur ?

13. — Quelle est la force vive que possède un projectile de 300^{kg} ayant une vitesse de 500^{m} ?

14. — Quelle est la force vive d'un navire de 12000 tonnes marchant à la vitesse de 20^{km} à l'heure ?

15. — Quelle doit être la puissance du moteur d'une automobile pesant 1200^{kg} qui gravit à raison de 25^{km} à l'heure une pente de 8 p. 100 ? A cette vitesse la résistance au roulement est de 20^{kg}.

16. — Un corps tombe librement en entraînant un diapason qui fait 100 vibrations par seconde, et les enregistre sur une feuille de papier verticale. On demande combien il tracera de sinuosités sur une longueur de 2^{m} après la 3e seconde de chute. $g = 981$.

17. — Une balle de fusil pesant 15^{g} sort du canon avec une vitesse de 700^{m}, quelle est son énergie ? En supposant que le calibre du canon soit de 8^{mm}, quelle est la pression qui pousse la balle ?

18. — Un corps pèse 10^{kg} en un point de la Terre dont la circonférence est de 40000^{km} ; combien pèserait-il transporté à 60^{km} de hauteur ?

Hydrostatique. — Lois fondamentales.

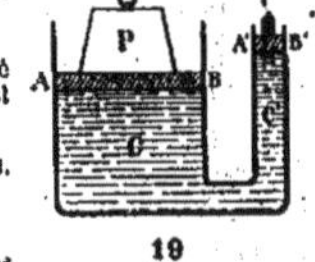

19

L'Hydrostatique étudie les lois d'équilibre des liquides et mesure les pressions qu'ils exercent sur les parois des vases qui les contiennent.

Définition de la pression. — Si un vase complètement rempli par un liquide porte sur une paroi un piston mobile poussé extérieurement avec une force normale P, le piston est maintenu en équilibre par le liquide, et la *réaction normale* qu'il subit est la *pression* du liquide sur le piston.

Le quotient $\frac{P}{S}$ est la pression par unité de surface, et l'unité de pression, nommée *barye*, correspond à $P = 1$ dyne et $S = 1^{cq}$.

Les lois de l'Hydrostatique reposent sur deux principes :

Principes de l'Hydrostatique. — **1° Principe de Pascal.** — Il dépend uniquement de la parfaite mobilité des molécules des liquides et il s'énonce ainsi : *Toute pression exercée sur une portion de paroi d'un liquide se transmet normalement et intégralement à toute portion de paroi égale, quelle que soit son orientation.* On le vérifie avec le vase (19), où la section AB vaut par exemple 100 fois la section A'B', alors une pression de 10^{kg} sur A'B' devient 1000^{kg} sur AB. C'est là le principe de la presse hydraulique.

2° Les liquides étant pesants, ils exercent des pressions en vertu de leur propre poids, et le deuxième principe s'énonce ainsi : *Dans un liquide en équilibre, les pressions sont égales dans toute l'étendue d'un plan horizontal mené à travers le liquide.*

En effet, la surface libre étant horizontale, deux surfaces égales *s* et *s'* situées dans le même plan horizontal supportent le poids de deux cylindres égaux de liquide. Une pression égale et contraire s'exerce en dessous ; la pression conserve la même valeur si la surface égale est inclinée comme *s''* (20), et on peut vérifier ces conclusions avec le tube à obturateur.

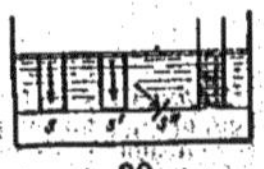

20

Comme conséquences, on peut mesurer les pressions exercées par les liquides sur les parois, et trouver leurs lois d'équilibre.

Pression sur les parois. — **1° Pression sur le fond horizontal d'un vase.** — *Elle est égale au poids d'une colonne liquide ayant pour base le fond d'un vase et pour hauteur sa distance au niveau extérieur.* Elle ne dépend pas de la forme du vase, ni de la quantité de liquide qu'il contient, elle est la même pour des vases de même fond et remplis au même niveau (appareil de Pellat).

2° Sur une surface plane inclinée, la pression exercée est normale, et on démontre qu'elle *est égale au poids du volume du liquide qui a pour base la paroi et pour hauteur la distance de son centre de gravité au niveau.*

Hydrostatique. — Lois fondamentales.

3° **Sur tout l'ensemble des parois d'un vase**, *la pression exercée est une force verticale dirigée de haut en bas et égale au poids du liquide*, comme la balance le vérifie.

Remarque. — Comme applications des pressions qu'on peut obtenir avec un niveau d'eau élevé, on doit citer les ascenseurs où la pression exercée sur le fond d'un cylindre peut soulever ce cylindre et la cage qu'il porte à sa partie supérieure (21).

21

Lois de l'équilibre des liquides. — 1er Cas. — **Un seul liquide dans un vase ordinaire.** — *La surface libre est horizontale.*

2° Cas. — **Un même liquide dans deux vases communicants.** — *Les surfaces libres dans les deux vases sont au même niveau.* — Applications : Niveau d'eau, écluses, jet d'eau, distribution de l'eau dans les villes, puits artésiens, etc...

3° Cas. — **Deux ou plusieurs liquides différents dans un même vase.** — *Les liquides se superposent par ordre de densité, et la surface de séparation est horizontale.*

4° Cas. — **Deux liquides différents dans des vases communicants.** — *Leurs hauteurs au-dessus de la surface de séparation sont en raison inverse de leurs densités.*

Principe d'Archimède. — Corps flottants.

Enoncé. — *Tout corps plongé dans un fluide subit une poussée verticale de bas en haut égale au poids du fluide déplacé.*

Démonstration. — Si dans un fluide en équilibre on considère à part une certaine masse de ce fluide, on pourra supposer les molécules de la masse comme enchaînées ou à l'état solide sans changement de poids ni de volume. Alors ce solide est soumis à son poids P et à une infinité de pressions latérales dont la résultante doit être égale et contraire à P. Si la masse liquide est remplacée par une autre de même volume, mais de poids P', les pressions latérales ne changent pas, leur résultante sera encore la même, c'est-à-dire égale et contraire à P (22).

22

Vérification. — Avec la balance hydrostatique et le système des deux cylindres, l'un creux, l'autre plein.
Par la méthode plus générale de Boudréaux (23).
Inversement, si un vase contenant de l'eau est équilibré sur une balance, et si on plonge dans le liquide un cylindre massif retenu par un fil, la balance accuse une augmentation de poids du côté du vase, et on rétablit l'équilibre en retirant du vase une masse d'eau égale à celle que déplace le cylindre.

1° Mesure du volume d'un corps par la poussée qu'il éprouve dans l'eau.

2° **Corps flottants.** — Quand la poussée est supérieure au poids du corps, il émerge du liquide et flotte *en déplaçant toujours un poids égal au sien*. Pour qu'il soit en équilibre stable, il faut que son centre de gravité soit au-dessous du centre de poussée, c'est-à-dire au-dessous du centre de gravité du liquide déplacé (aréomètres, bateaux). Les bateaux sous-marins émergent ou s'enfoncent en changeant leurs poids avec de l'eau extérieure qu'ils peuvent laisser entrer ou faire sortir au moyen d'air comprimé.
Mais le sous-marin étant presque immergé peut s'enfoncer en manœuvrant de l'intérieur des ailes extérieures qui, convenablement inclinées, éprouvent une résistance de la part de l'eau et font descendre ou monter le navire comme le gouvernail de profondeur des aéroplanes (24). Dans le cas de la figure, il descend.

23

Poids spécifique. — Densité et sa mesure.

Définitions. — On appelle *poids spécifique absolu* d'un corps le poids d'un centimètre cube de ce corps. Ce poids varie avec le lieu, mais, si on compare le poids d'un centimètre cube du corps au poids d'un centimètre cube d'eau à 4°, le rapport est constant et se nomme *poids spécifique relatif* du corps.

La *densité* d'un corps est la masse d'un centimètre cube du corps. Cette masse ne varie pas avec le lieu, et, si l'on prend pour unité de masse la masse d'un centimètre cube d'eau à 4°, la densité absolue et la densité relative à l'eau s'expriment par le même nombre. Si d est la densité d'un corps de volume V en centimètres cubes, sa masse M sera donnée par $M = Vd$, et son poids en dynes par $P = Vdg$.

24

Poids spécifique. — Densité et sa mesure.

Mesure des densités. — Pour mesurer une densité, on évalue la masse d'un certain volume du corps, puis la masse du même volume d'eau à 4°, et on prend leur quotient. Ordinairement l'eau est prise à 0°, ce qui nécessite une petite correction.

Méthode de la balance hydrostatique. — Pour un solide, on l'accroche par un fil sous le plateau de la balance, on le tare et on mesure sa masse M par la double pesée. Ensuite on le fait plonger, étant équilibré par la tare, dans de l'eau à 0°, et soit M' la masse qui rétablit l'équilibre; la densité sera $\frac{M}{M'}$.

Pour un liquide, on tare sous un plateau de la balance une boule de verre, puis on la fait plonger successivement dans le liquide et dans l'eau à 0°, et les masses M et M' qui rétablissent l'équilibre sont les masses d'un même volume de liquide et d'eau.

Cette méthode est défectueuse à cause de la viscosité des liquides et des effets capillaires.

Méthode du flacon. — Pour un solide, le flacon est rempli d'eau à 0° jusqu'à un repère *t*, puis, après avoir repris la température ambiante et avoir été séché, on le porte sur l'un des plateaux d'une balance en plaçant à côté de lui le corps, et on tare. En enlevant le corps et rétablissant l'équilibre, on a la masse M du corps. Puis le corps est mis dans le flacon rempli de nouveau d'eau à 0° et reporté sur la balance avec les précautions indiquées, et la masse M' qui rétablit l'équilibre donne la masse d'eau à 0° déplacée par le corps (25).

Pour un liquide, le flacon est taré vide en plaçant à côté de lui une masse A supérieure à celle des liquides qu'on introduira dans le flacon. Puis enlevant A on porte sur la balance le flacon rempli successivement du liquide et d'eau à 0°, et, si m et m' sont les masses qui rétablissent l'équilibre, les masses d'un même volume de liquide et d'eau à 0° sont $A - m$ et $A - m'$ (26).

Cette méthode très précise est la seule employée pour les mesures exactes.

Cas particulier. — Si un corps est soluble dans l'eau, on prendra sa densité δ par rapport à un autre liquide dans lequel il est insoluble, et, si δ' est la densité du liquide, celle du corps $d = \delta \times \delta'$.

25

26

27

Statique des gaz. — Baromètres.

Propriétés des gaz. — Les gaz ont, comme les liquides, leurs molécules extrêmement mobiles, donc le principe de Pascal leur convient. De plus, ils sont pesants et une grande masse de gaz, comme l'air, exerce des pressions normales sur toutes les surfaces du sol. Le principe d'Archimède, qui est une conséquence de l'ensemble des pressions exercées sur la surface d'un corps, convient aux gaz, et on le démontre avec le baroscope, ou avec des ballons gonflés d'hydrogène. Mais les molécules des gaz se repoussent; ils tendent à occuper un volume plus grand en pressant contre les parois des vases qui les enferment. Cette *force élastique*, qui n'est plus due au poids, est d'autant plus grande que le volume est plus réduit (Exp. de la vessie dans le vide).

Pesanteur de l'air. — La pesanteur de l'air a d'abord été mise en évidence par Galilée. On peut tarer un ballon vide, puis le remplir d'air ou d'un autre gaz, et on constate qu'il augmente de poids.

Torricelli montra que par son action le mercure est soulevé dans un tube vide à une hauteur de 76c. Si donc le tube a 1cq de section, la pression de l'air vaut $76 \times 13,59 \times g$ dynes, et sur une large surface elle devient considérable, plus de 10000 kilog. par mètre carré (Exp. du crève-vessie, des hémisphères de Magdebourg).

Pascal a confirmé l'expérience de Torricelli, en la répétant avec des tubes remplis d'eau ou d'huile, et enfin avec la fameuse expérience du Puy de Dôme (21).

A C

28

B

Baromètres. — Si on renverse sur une cuvette de mercure un tube de Torricelli rempli avec du mercure pur, et dont la chambre est bien purgée d'air et d'humidité, on a un baromètre. Les variations de hauteur de la colonne soulevée indiquent en effet les variations du poids de l'air extérieur ou de la pression atmosphérique. Le **Baromètre de précision** se compose d'un tube, large à sa partie supérieure de quelques centimètres, et prolongé par un tube capillaire plongeant dans une cuvette en U, dont la branche B a la même largeur que A et est placée sur la même verticale. Les niveaux du mercure en A et en B deviennent plans, et on lit leur distance au moyen d'une échelle R verticale graduée et de deux curseurs c et c' (28). Cet appareil est fixe. Quand on veut connaître la pression atmosphérique, en voyage ou sur une montagne, on emploie le **baromètre métallique de Vidi**. Il consiste en une boîte à couvercle ondulé dans laquelle on a fait *le vide*, le couvercle étant maintenu en équilibre par un fort ressort P (29) fixé à une tige centrale t. Si la pression atmosphérique varie, le couvercle s'enfonce plus ou moins et la tige t pousse un levier mobile devant un cadran gradué par comparaison. Richard a fait inscrire par l'extrémité A les variations de pressions sur un cylindre enregistreur.

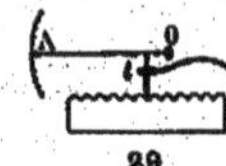

29

Usages du baromètre. — 1° Sert à donner la pression atmosphérique à tout instant.

2° Sert à mesurer les hauteurs. Quand elles ne dépassent pas 1000 mètres, on peut employer la formule de Babinet :

$$Z = 16000^{m}\left(1 + \frac{2(t + t')}{1000}\right)\frac{H - H'}{H + H'},$$

où Z est la hauteur cherchée, H et H', t et t' les pressions et les températures aux deux stations.

3° Sert à prévoir les orages. — En un même lieu, le baromètre passe par deux maxima et deux minima par jour, et ses indications ne sont pas en général d'accord avec le temps. Mais, en notant simultanément les pressions en un grand nombre de lieux, on peut construire des courbes isobares et leur déplacement permet de suivre la marche des tempêtes.

Pression des gaz. — Manomètres.

On mesure la pression d'un gaz par la pression qu'il exerce sur 1^{cq} de surface. On la mesure en obligeant cette pression à soulever une colonne de mercure. On peut alors prendre pour unité de pression soit la pression atmosphérique de 76^{c}, appelée pression d'une atmosphère, et qui vaut $76 \times 13,59 \times 981$ dynes ou baryes, ou à peu près 10^{6} baryes (mégabarye). On peut prendre aussi la pression de 1^{kg} qui correspond sensiblement à une colonne de mercure de $73^{c},6$.

Manomètres. — *Pour la mesure des pressions*, on emploie le manomètre à air libre (30) comprenant une large cuvette de mercure sur laquelle est scellé un tube droit plongeant dans le mercure. Le gaz presse le mercure par la tubulure latérale. Si le mercure est soulevé à la hauteur h, la pression est $H + h$. On le gradue en atmosphères en marquant 2, 3, 4, à des distances de 76^{c} à partir de la cuvette. Un tube dressé contre la tour Eiffel permet d'aller jusqu'à 400 atmosphères.

On emploie le plus souvent un manomètre métallique formé d'un tube d'acier aplati et courbé en cercle, et que le gaz peut remplir; suivant la pression du gaz, le tube se déforme et l'une des extrémités libre peut déplacer une aiguille sur un cadran. Il est gradué par comparaison avec le précédent.

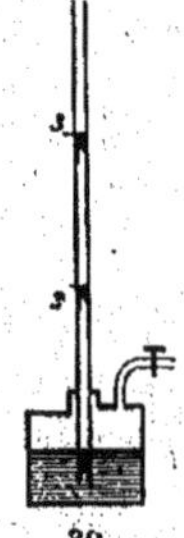
30

Loi de Mariotte.

Loi de Mariotte. — Énoncé. — *A une même température, les volumes occupés par une même masse de gaz varient en raison inverse des pressions qu'elle supporte.*

Elle se traduit par :

$$\frac{V}{V'} = \frac{P'}{P} \quad \text{ou} \quad VP = V'P' = \text{constante}.$$

On peut la vérifier avec le réservoir gradué AB contenant le gaz qu'on a introduit par le robinet R, et qui communique par un tube en caoutchouc avec un réservoir D plein de mercure qu'on peut soulever ou abaisser le long d'une double règle graduée E. Dans une position quelconque du réservoir, on lit le volume v du gaz, la différence des niveaux h, et la pression du gaz est $H + h$. Si D est au-dessous de AB et qu'on lise une différence h'', la pression du gaz sera $H - h''$. On devrait avoir (31) :

$$v(H + h) = v'(H + h') = v''(H - h'') = \cdots$$

ou

$$vp = v'p' = v''p''.$$

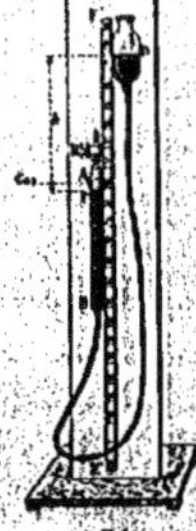
31

Remarque. — La loi de Mariotte n'est qu'une loi approchée, elle s'applique bien aux gaz difficilement liquéfiables et pour des pressions ne dépassant pas 10 atmosphères, mais elle ne s'applique pas aux gaz facilement liquéfiables, ni même à aucun gaz pour de très fortes pressions. En général, pour des pressions croissantes, la compressibilité du gaz est d'abord plus grande que ne le veut la loi, puis la compressibilité diminue et devient moindre que ne l'indique la loi. Ainsi, à 3000 atmosphères, l'hydrogène occupe un volume trois fois plus grand que s'il obéissait à la loi de Mariotte.

Lois du mélange des gaz. — Il y a deux lois sur le mélange des gaz.

1° **Loi de Berthollet.** — *Deux gaz placés dans un même réservoir se mélangent intimement* (Exp. avec CO^2 et H).

2° **Loi de Dalton.** — *Quand plusieurs gaz sont introduits dans un même réservoir, chacun d'eux y prend la même pression que s'il y était seul.*

Cette loi se traduit ainsi : Si v, v', v'' sont les volumes de divers gaz sous des pressions h, h', h'', et si V est le volume du réservoir, la pression du premier gaz p dans le réservoir sera donnée par $vh = Vp$, d'où $p = h\frac{v}{V}$. Par suite, si P est la pression totale dans le réservoir, on aura :

$$P = h\frac{v}{V} + h'\frac{v'}{V} + h''\frac{v''}{V}$$

ou

$$PV = hv + h'v' + h''v''.$$

Pompes à gaz et à liquides. — Aérostats.

Pompes à gaz. — Les pompes à gaz servent à raréfier les gaz ou l'air contenus dans un récipient.

Machine pneumatique. — Principe. — Elles se composent d'un corps de pompe dont le piston est muni d'une soupape a s'ouvrant de bas en haut. Le corps de pompe communique avec le récipient par un conduit commandé par une soupape b s'ouvrant aussi de bas en haut. Quand on soulève le piston, il fait le vide au-dessous de lui, et l'air du récipient soulève la soupape b et envahit le corps de pompe en diminuant de pression. Quand le piston, arrivé au sommet de sa course, s'abaisse, il comprime l'air introduit, la soupape b tombe aussitôt, et l'air comprimé s'échappe par la soupape a dans l'atmosphère. Supposons que le récipient V ait un volume de 10 litres, que la pression initiale de l'air qu'il contient H_0 égale 76c, que le volume v du corps de pompe soit 1 litre, alors les 10 litres primitifs occuperont 11 litres pendant la montée du piston; et, sur ces 11 litres, 1 litre sera expulsé. Le premier coup de piston chasse donc le $\frac{1}{11}$ de l'air initial, le second chassera le $\frac{1}{11}$ du reste, le troisième le $\frac{1}{11}$ du nouveau reste, et il y aura toujours un reste, ce qui veut dire qu'on ne peut pas faire le vide absolu (32).

Mais il y a une limite au vide, provenant des imperfections des soupapes, et surtout du petit espace (espace nuisible) qui existe entre la base du corps de pompe et celle du piston au bas de sa course. Il est toujours rempli d'air ou de gaz à la pression atmosphérique, et en le supposant égal à 2cc, ce gaz prenant le volume d'un litre, ou un volume 500 fois plus grand, prend aussi une pression 500 fois plus petite ou $\frac{760^{mm}}{500} = 1^{mm},5$. Il est clair que la pression dans le récipient doit lui rester supérieure pour que la pompe continue à fonctionner. Les bonnes machines font le vide à 1^{mm} de pression; les trompes à mercure le font à $\frac{1}{1000}$ de millimètre.

Pompe de compression. — Une pompe de compression est disposée comme une pompe à vide, mais les soupapes sont renversées. Quand on soulève le piston, il rentre, par exemple, 1 litre d'air dans le cylindre à la pression 76c, en l'abaissant cet air passe dans le récipient de 10 litres, sa pression y devient $\frac{76^c}{10}$ et la pression dans le récipient augmente de $\frac{1}{10}$ d'atmosphère. Il en sera de même à chaque coup de piston, de sorte que la pression peut y augmenter indéfiniment (33).

L'air comprimé est employé pour les travaux sous l'eau : fondations de piles de pont, cloches à plongeur, scaphandres; pour actionner des tramways, les freins de chemins de fer, etc...

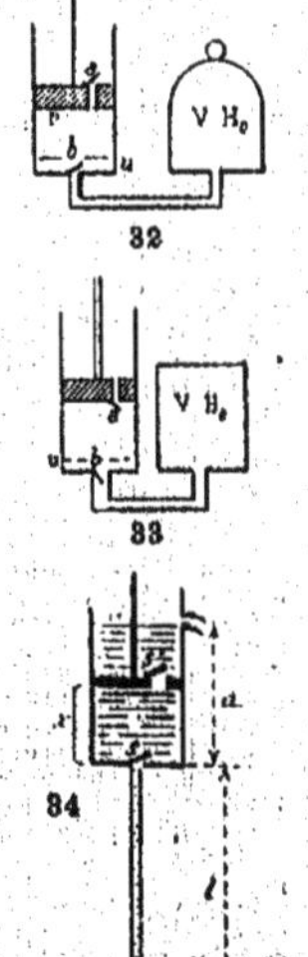

32

33

34

Pompes à liquides. — Les pompes à liquides sont destinées à élever un liquide pris dans un réservoir à une certaine hauteur.

Pompe aspirante. — La pompe aspirante est disposée comme une machine pneumatique; elle fait d'abord le vide dans le tuyau d'aspiration, et, quand le liquide pénètre dans le corps de pompe, la pompe est amorcée, il n'y a plus d'espace nuisible et chaque coup de piston fait sortir un volume d'eau égal à celui du corps de pompe (34).

Si le piston supposé très mince est à une distance x du fond du corps de pompe de longueur a et si S est sa section, l la longueur du tuyau d'aspiration, H la pression atmosphérique en colonne du liquide, les pressions exercées de chaque côté du piston seront : $S(H + a - x)dg$, et $S(H - l - x)dg$; la différence $S(l + a)dg$ est constante. Le travail effectué pendant la montée est $Sa(l + a)dg$, et on peut écrire $Sadg(l + a)$, ce qui montre qu'il est le même que si on avait retiré directement le poids $Sadg$ du fond du puits.

Pompe foulante. — Dans la pompe foulante (35), on peut supprimer le tuyau d'aspiration en plongeant le corps de pompe dans l'eau, de plus le piston est plein sans soupape, et l'eau refoulée peut théoriquement s'élever à une hauteur quelconque dans le tuyau latéral. Pratiquement, elle élève l'eau à 50 ou 60 mètres. Les pompes à incendie sont formées de deux pompes foulantes accouplées, et l'eau, avant de s'échapper, entre dans un récipient contenant de l'air et dont la pression régularise le jet.

Une pompe foulante avec tuyau d'aspiration est une pompe aspirante et foulante.

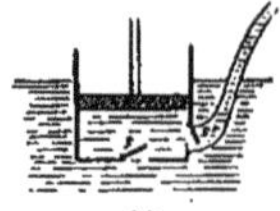

35

Aérostats et dirigeables. — Les aérostats, application immédiate du principe d'Archimède, sont constitués par une enveloppe très légère et imperméable remplie d'hydrogène ou de gaz d'éclairage.

La nacelle est supportée par des cordages et contient les aéronautes et le lest (sable). La force ascensionnelle est la différence qui existe entre le poids d'air déplacé et le poids total du ballon. Elle doit valoir quelques kilogrammes. Si le ballon n'est pas complètement rempli de gaz au départ, il se gonfle à mesure qu'il s'élève et la force ascensionnelle reste constante; s'il a été complètement gonflé, il doit rester ouvert à la partie inférieure pour que le gaz intérieur puisse s'échapper et ne pas crever l'enveloppe. Dans ce cas la force diminue à mesure que le ballon monte. Pour s'élever de plus en plus, on jette du lest; pour redescendre, on laisse échapper du gaz par une soupape placée à la partie supérieure.

Les dirigeables ont la forme d'un cylindre terminé par deux pointes, et la nacelle métallique, très allongée, est suspendue par de solides câbles d'acier. La nacelle porte un moteur à essence pouvant actionner une ou deux hélices tournant à allure assez modérée. Un gouvernail vertical permet les changements de direction. Pour la stabilité, le centre de poussée doit rester constant, aussi dans l'enveloppe se trouve un ballonnet en partie plein d'air, communiquant avec la nacelle par un long manchon et dont le rôle est de maintenir tendue l'enveloppe du dirigeable. Si le dirigeable monte, la pression de l'hydrogène fait sortir de l'air; s'il descend, on envoie de l'air dans le ballonnet pour le gonfler convenablement. Enfin, l'action de l'hélice et la résistance de l'air tendent à dresser l'appareil, aussi faut-il un gouvernail de profondeur pour contrebalancer cette action (36).

36

Exercices.

1\. — Une porte verticale d'écluse a la forme d'un rectangle de 6^m de haut et de 3^m de large, et l'eau monte jusqu'à une hauteur de 5^m. Quelle est la pression exercée sur la porte?

2\. — Un tonneau cylindrique a sur sa base supérieure un tube vertical de 8^m de haut. On remplit le tonneau et le tube d'huile de densité 0,9 et on demande quelle est la pression sur le fond, sachant que la hauteur du tonneau est de 1^m et sa base de 30^{dm^2}.

3\. — Un corps plongé dans l'eau pèse 100^g; il pèse 80^g dans l'acide sulfurique de densité 1,84, calculer son volume et sa densité.

4\. — Un échantillon de quartz aurifère pèse 100^g et a pour densité 8. Quel est le poids d'or qu'il contient, sachant que la densité de l'or est 19 et celle du quartz 2,6?

5\. — Un cylindre de fer a 15^c de hauteur; on demande quelle est la hauteur du cylindre de platine de même base qu'il faut lui ajouter pour qu'il s'enfonce de 12^c dans le mercure. La densité du fer est 7,7, celle du platine 21, et celle du mercure 13,6.

6\. — Une sphère creuse de platine de 10^c de rayon extérieur, et plongée entièrement dans le mercure, y reste en équilibre; calculer l'épaisseur de ses parois, sachant que la densité du platine est 21 et celle du mercure 13,6.

7\. — On a fait un baromètre à glycérine de densité 1,26, quelle sera la hauteur soulevée pour une pression de 75^c de mercure?

8\. — Les deux cylindres d'une presse hydraulique sont dans le rapport de 1 à 100, et avec un effort de 50^{kg} exercé à l'extrémité du levier du petit cylindre on soulève $10\,000^{kg}$; quel est le rapport des deux bras du levier?

9\. — Du gaz d'éclairage est enfermé dans un gazomètre ayant pour base un cercle de 8^m de rayon et le gaz exerce une pression de 15^c d'eau. Que vaut la pression du gaz sur la base supérieure fermée?

10\. — Un baromètre contient un peu d'air et marque 742. En y introduisant une masse d'air égale, le mercure baisse de 7^{mm} et la chambre barométrique augmente de moitié. Que valait la pression barométrique exacte?

11\. — Une éprouvette contient une colonne d'air de 15^c, et le mercure s'y élève de 10^c sous la pression extérieure de 755^{mm}. On soulève l'éprouvette de 20^c, à quelle hauteur arrivera le mercure?

12\. — Dans une enceinte vide de $1\,500^{cc}$, on fait pénétrer 900^{cc} d'air à la pression de 740^{mm}, $1\,200^{cc}$ d'hydrogène à la pression de 755^{mm}, 500^{cc} de CO^2 à la pression de 760^{mm}; quelle sera la pression du mélange?

13\. — Une machine pneumatique a un corps de pompe de capacité 1 litre et fait le vide dans un récipient de 12 litres contenant de l'air à la pression de 740^{mm}. Que deviendra cette pression après 4 corps de piston?

14\. — Une cloche à plongeur de 3^{mc} a 2^m de hauteur, et, pleine d'air à la pression extérieure de 750^{mm}, est descendue à 30^m de profondeur dans la mer, dont l'eau a une densité de 1,035. A quelle hauteur montera l'eau dans la cloche? Quelle sera la pression de l'air comprimé qui peut la refouler?

15\. — Un ballon gonflé d'hydrogène a une capacité de $1\,200^{mc}$ et une force ascensionnelle de 20^{kg}. Sachant que le litre d'air déplacé pèse $1^g,3$ et que la densité de l'hydrogène est 0,07, trouver le poids de l'enveloppe et des agrès.

16\. — De quelle force faut-il disposer pour retirer de la mer la coque en fer d'un vaisseau coulé et dont le tonnage est 300^{mc}. Densité du fer 7,7, densité de l'eau de mer 1,03.

17\. — Au-dessus d'un lac, et de 100^m de haut, on laisse tomber une boule pesant 100^{kg}, et dont le volume est 200^{dc}. A quelle profondeur descend la boule et quel temps met-elle à effectuer sa descente. On néglige les frottements dans l'air et dans l'eau.

18\. — Deux liquides non miscibles sont superposés et leurs densités sont 1 et 0,8. On plonge dans ces liquides une sphère de densité 0,6, quel sera le rapport des deux portions de volume de la sphère immergées dans les deux liquides, quand la sphère est en équilibre?

19\. — On veut soutenir dans l'eau un cube de plomb de 2^c d'arête et de densité 11,5, avec une sphère de liège à laquelle il est attaché, et qui est aussi complètement plongée dans l'eau. Quel est le volume de cette sphère, sachant que la densité du liège est 0,21?

20\. — Un ballon a été gonflé avec 75^{kg} d'hydrogène de densité 0,07; quel est le poids total que le ballon pourra soulever, en négligeant les volumes de l'enveloppe et des agrès?

Chaleur.

Sa nature. — Dilatation des corps par la chaleur. — Thermométrie.

Nature de la chaleur. — La chaleur est la cause qui produit les sensations purement relatives de chaud ou de froid.

On admet que la chaleur est due à un mouvement vibratoire excessivement rapide des molécules des corps, et, quand la température d'un corps s'élève, ce mouvement vibratoire devient plus rapide, mais en même temps les orbites que parcourent les molécules s'allongent, et ce dernier effet produit la dilatation. La chaleur peut produire du travail, et inversement, du travail un choc, un frottement, peut créer de la chaleur. La chaleur, en un mot, n'est qu'une forme particulière de l'énergie, et toute dépense de chaleur correspond à un travail extérieur accompli. Le premier effet de la chaleur sur un corps est de produire une dilatation et on le montre par divers appareils, pyromètre à cadran, anneau de S'Gravesande, etc.; mais, si le corps reprend sa température primitive, il reprend aussi son volume primitif.

Thermométrie. — La température ne se définit pas d'une manière absolue, comme le temps ou l'espace; mais on définit des températures égales ou inégales. — Au contact d'un corps A plaçons un corps m de très petite masse pour qu'il prenne la température de A sans le refroidir, m prendra ainsi un certain volume V; si au contact d'un autre corps B il prend un volume V', et si l'on a $V = V'$, on dira que les températures de A et de B sont égales; mais, si on a $V > V'$, la température de A est supérieure à celle de B. Le corps m qui sert de comparaison est un thermomètre. *Un thermomètre est donc un corps quelconque de très petite masse et disposé de façon à pouvoir facilement apprécier ses variations de volume.*

On mesure ces variations de volume en prenant pour unité de volume la centième partie de la variation de volume qu'éprouve le thermomètre entre deux températures fixes, celle de la glace fondante appelée 0° et celle de la vapeur d'eau bouillante sous la pression 76 appelée 100°. Si V_0 et V_{100} sont les deux volumes correspondants du thermomètre, le degré ou l'unité de température est la variation de température qui correspond à $\frac{V_{100} - V_0}{100}$.

Si, dans d'autres circonstances, le volume du thermomètre est V, la température t est définie par :

$$t = \frac{V - V_0}{\left(\frac{V_{100} - V_0}{100}\right)}.$$

Comme corps thermométrique, on a pris le mercure, mais il faut l'enfermer dans une enveloppe et on n'observe alors que sa dilatation apparente, variable avec l'enveloppe, de telle sorte que les thermomètres à mercure ne sont d'accord ni entre eux, ni avec les autres.

Si on choisit un gaz, on peut définir la température autrement. Soit P_0 la pression d'un gaz à 0° et chauffons-le à 100° en maintenant son volume constant; il faudra lui faire supporter une pression P_{100} et le degré pourra être défini par la variation de température qui correspond à :

$$\frac{P_{100} - P_0}{100}.$$

Si dans d'autres conditions la pression supportée est P sous le même volume, la température t vaudra :

$$t = \frac{P - P_0}{\left(\frac{P_{100} - P_0}{100}\right)}.$$

C'est la définition normale de la température, et tous les thermomètres usuels doivent être comparés au thermomètre à gaz qui est ainsi le véritable étalon.

Construction du thermomètre à mercure. — Remplissage du tube avec le mercure pur sans traces d'air (37). Détermination du 0 en le plongeant dans la glace mouillée. Détermination du point 100 avec la vapeur d'eau bouillante sous la pression 76. Partage de l'intervalle en 100 parties égales ou degrés.

Pour les basses températures inférieures à — 40°, on emploie un thermomètre à alcool ou à toluène, et pour les températures supérieures à 360° on emploie le thermomètre à hydrogène, mais ce dernier sert aussi pour les très basses températures.

37

BIBLIOTHÈQUE NATIONALE IMPRIMÉS

Idée de la mesure des coefficients de dilatation. — Applications.

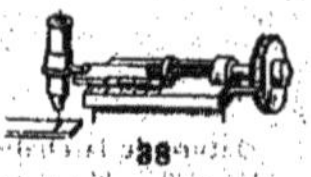

Dilatations des solides. — Formules. — Le coefficient de dilatation linéaire est l'accroissement λ de l'unité de longueur pour 1°.

Le coefficient de dilatation superficielle σ est l'accroissement de l'unité de surface pour 1°.

Le coefficient de dilatation cubique α est l'accroissement de l'unité de volume pour 1°.

Entre ces grandeurs mesurées à 0° et à t° ou à t'° on a les relations suivantes :

$$l_t = l_0(1 + \lambda t), \qquad S_t = S_0(1 + \sigma t) \qquad V_t = V_0(1 + \alpha t), \text{ et en général :}$$

$$\frac{l_t}{l_{t'}} = \frac{1 + \lambda t}{1 + \lambda t'} \qquad \frac{S_t}{S_{t'}} = \frac{1 + \sigma t}{1 + \sigma t'} \qquad \frac{V_t}{V_{t'}} = \frac{1 + \alpha t}{1 + \alpha t'}, \text{ et pour la même substance } \begin{cases} \sigma = 2\lambda \\ \alpha = 3\lambda \end{cases}$$

Si D_0 et D_t sont les densités d'une même substance à 0° et à t°, on a aussi :

$$M = V_0 D_0 = V_t D_t, \quad \frac{D_t}{D_0} = \frac{V_0}{V_t} = \frac{1}{1 + \alpha t}, \quad \text{et} \quad D_t = \frac{D_0}{1 + \alpha t}.$$

Mesure et usages. — La dilatation des solides se mesure avec le comparateur. Deux microscopes, installés sur des supports invariables, visent deux traits tracés aux extrémités d'une règle à 0°, et situés à une distance l_0 connue. On porte la barre à t° et on déplace les microscopes avec deux vis micrométriques pour pouvoir viser de nouveau les deux traits. Si la tête des vis porte 200 divisions et qu'on ait tourné ces vis de n et n' divisions, la dilatation en millimètres sera $\frac{n + n'}{200}$, le pas des vis étant supposé de 1 millimètre ; par suite le coefficient de dilatation sera : $\frac{n + n'}{200 . l_0 . t}$ (38).

Le coefficient de dilatation linéaire d'une même barre croît avec la température et varie avec les divers échantillons d'un même métal.

Le zinc est le métal qui se dilate le plus, le platine celui qui se dilate le moins.

Applications. — Cerclage des roues. — Établissement des rails de chemin de fer, des ponts métalliques. — Pendule compensateur des horloges (39). La boule pesante est soutenue par une série de cadres, les uns en fer, les autres en cuivre, disposés de façon que les dilatations des parties verticales se compensent. Enfin, avec des spirales formées de deux métaux différents soudés, qui s'enroulent ou se déroulent avec les variations de température, on a construit des thermomètres métalliques.

Dilatation des liquides. — Pour les liquides, la mesure de leur dilatation est compliquée. Il faut les enfermer dans un vase qui lui aussi se dilate, et on n'observe que leur dilatation apparente, c'est-à-dire l'excès de la dilatation du liquide sur celle du vase. Par conséquent, il faut ajouter à cette dilatation apparente celle du vase. Ce n'est que par une méthode un peu compliquée qu'on a pu mesurer avec précision la dilatation des liquides. On a trouvé : *que le coefficient de dilatation des liquides croît avec la température.*

Cas de l'eau. — La dilatation de l'eau est anormale. A 4° *elle passe par un maximum de densité, ou par un minimum de volume.* Un ballon prolongé par un tube très étroit est rempli d'eau pure jusqu'en A à 15° par exemple, puis il est refroidi progressivement dans un récipient C, dont un thermomètre donne la température (40). On voit alors le niveau A baisser jusqu'en B au moment où la température atteint 4°, puis, le refroidissement continuant, le niveau remonte, même si la température descend au-dessous de 0°. On comprend alors que, dans les froids de l'hiver, l'eau reste à 4° au fond des lacs ou des fleuves.

Dilatation des gaz. — Les gaz ont un grand coefficient de dilatation; de 0° à 100° leur volume augmente de plus d'un tiers, et l'influence de l'enveloppe est peu importante. Mais on peut les chauffer de deux façons : 1° en les laissant sous la pression atmosphérique (41), alors le volume augmente seul, et, si α est le coefficient de dilatation et V_0 le volume primitif à 0°, le volume V à t° est donné par :

$$V = V_0(1 + \alpha t).$$

Connaissant V, V° et t, on en déduit α. 2° On peut maintenir le volume du gaz constant (42), et c'est alors la pression seule qui augmente, de sorte que si P_0 est la pression initiale à 0°, P la pression à t° et β le coefficient de pression, on a :

$$P = P_0(1 + \beta t),$$

d'où β, connaissant P_0, P et t.

Pour les gaz qui suivent sensiblement la loi de Mariotte, les deux coefficients α et β sont sensiblement égaux à 0,00367 ou à $\frac{1}{273}$.

Ce coefficient est utile à connaître, notamment pour calculer la masse d'un certain volume de gaz à t°; sa densité d prise par rapport à l'air diminue alors et devient $\frac{d}{1 + \alpha t}$.

42

Calorimétrie. — Mesure des chaleurs spécifiques.

Définitions. — La calorimétrie a pour but de mesurer les quantités de chaleur que les corps gagnent ou perdent quand ils changent de température, ou bien quand ils changent d'état, ou bien encore quand ils subissent des réactions chimiques.

La chaleur est une grandeur mesurable. En effet, si on brûle 1, 2, 3 grammes de charbon, on produit des quantités de chaleur qui sont entre elles comme 1, 2, 3, et si on chauffe 1, 2, 3 grammes d'un corps d'un même nombre de degrés, on dépense de même des quantités de chaleur qui sont entre elles comme les nombres 1, 2 et 3. L'unité de chaleur, nommée *calorie*, est la quantité de chaleur nécessaire pour porter 1 gramme d'eau de 0° à 1°, ou pour l'échauffer de 1°. — On appelle *chaleur spécifique* d'un corps le nombre de calories nécessaires pour élever de 1° 1 gramme de ce corps.

La calorimétrie repose sur les deux principes suivants :

Principes. — 1° *Un corps qui se refroidit de t° à 0° abandonne la chaleur qu'il avait prise pour s'échauffer de 0° à t°.*

2° *La quantité de chaleur nécessaire pour chauffer un corps de 0° à t° est proportionnelle à la température.*

Si donc c est la chaleur spécifique d'un corps, m sa masse en grammes, pour le porter de 0° à t° il faudra lui fournir la quantité de chaleur représentée par mct calories; pour le porter de 0° à t'°, il aurait fallu mct' calories; par suite, pour le faire passer de t° à t'°, il faudrait $mc(t' - t)$ calories. Donc, *quand un corps subit une variation de température, la chaleur qu'il gagne ou qu'il perd, mesurée en calories, s'obtient en multipliant sa masse en grammes, par sa chaleur spécifique, et par la variation de température.*

Méthode des mélanges. — La mesure des chaleurs spécifiques se fait avec un appareil nommé *calorimètre*; on emploie la *méthode dite des mélanges*. Dans un vase métallique contenant m grammes d'eau à t° on jette un corps de masse M, de chaleur spécifique C et chauffé à T°; le mélange prend une température commune θ, et il est clair que la chaleur perdue par le corps est égale à celle qu'a gagnée l'eau, d'où l'équation :

$$MC(T - \theta) = m(\theta - t),$$

qui permet de calculer C. Mais il faut éviter le refroidissement du vase; pour cela, il est poli extérieurement, et repose par des cales de liège dans l'intérieur d'un autre vase métallique poli intérieurement (calorimètre de Berthelot) (43). Enfin, il faut tenir compte des chaleurs prises par le vase, le thermomètre qu'il contient, l'agitateur; si m' est la masse d'eau qui prendrait la même chaleur, l'équation calorimétrique exacte serait :

$$MC(T - \theta) = (m + m')(\theta - t).$$

43

La somme $m + m'$ se nomme *valeur du calorimètre en eau*; il est facile d'avoir m'. Il suffit de jeter dans le calorimètre vide une masse connue m_1 d'eau à t_1°, la température s'abaissera et prendra une valeur commune θ_1, d'où l'équation :

$$m_1(t_1 - \theta_1) = m'(\theta_1 - t_2),$$

qui donnera m', t_2 étant la température initiale du vase vide.

Dans cette méthode, la difficulté principale est de connaître exactement la température T au moment où on immerge le solide ou le liquide chaud dans le calorimètre.

Résultats. — *La chaleur spécifique moyenne d'un corps croît avec la température.*

Elle est en général plus grande pour l'état liquide que pour l'état solide.

Les diverses variétés allotropiques d'un corps (charbon) ont des chaleurs spécifiques différentes.

Pour un solide, le produit de la chaleur spécifique par le poids atomique est voisin de 6,4. (Loi de Dulong et Petit.)

Fusion. — Solidification. — Chaleur de fusion.

Fusion. — Quand on chauffe graduellement un solide, il se dilate d'abord, puis fond et se vaporise. Par refroidissement, les vapeurs se liquéfient, puis le liquide se solidifie en cristallisant. Certains corps, comme le verre, le fer, deviennent d'abord pâteux, d'autres se décomposent sans fondre (matières organiques); le charbon enfin n'a jamais été fondu.

Lois. — 1° *Pendant toute la durée de la fusion la température reste constante.* — Pendant la fusion, il s'accomplit, en effet, trois travaux en général : 1° un travail de désagrégation des molécules; 2° un travail d'écartement subit des molécules; 3° un travail extérieur qui consiste à refouler la pression ambiante ; ces trois travaux exigent une dépense de chaleur qui est prise au foyer, et on comprend comment la température de fusion peut rester constante. La chaleur ainsi absorbée pour fondre 1 gramme d'un corps sans changement de température est la *chaleur latente de fusion*. Pour la glace, elle vaut 80 calories.

2° *Sous une pression extérieure donnée, un corps fond à une température déterminée appelée son point de fusion.*

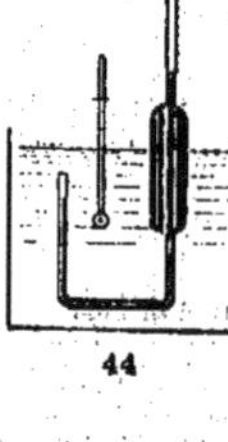

44

Influence de la pression. — Mais si le corps se dilate en fondant, une augmentation de pression élève le point de fusion ; au contraire, si le corps se contracte en fondant, l'augmentation de pression abaisse le point de fusion.

Pour le premier cas, on peut citer les expériences de Bunsen sur la paraffine et le blanc de baleine (44); pour le second, les expériences de J. Thomson sur la glace (45) et celles de Mousson (sous 13000 atmosphères la glace fond à — 20°). Comme conséquences viennent les expériences de Tyndall sur le regel.

Solidification. — **Lois.** — 1° *Pendant la durée de la solidification la température reste constante.* — Le phénomène est en général accompagné d'une contraction et d'une cristallisation, et les travaux ainsi accomplis se convertissent en chaleur.

2° *Sous une pression donnée la solidification se produit à une température déterminée qui est la même que celle de la fusion.* — La pression agit d'ailleurs dans le même sens que pour la fusion, mais les changements de volume sont inverses. Ainsi la glace se contracte en fondant, et l'eau se dilate en se solidifiant.

45

Surfusion. — Beaucoup de corps, comme l'eau, le soufre, le phosphore, peuvent être amenés lentement, à l'abri de toute parcelle du solide, au-dessous de leur point de solidification, et on dit qu'il y a surfusion. Ainsi l'eau a pu être amenée à — 12°, le phosphore à + 20°, etc. Mais par agitation ou mieux par la présence d'une parcelle du solide, la solidification a lieu instantanément et la température remonte au point de solidification. Les dissolutions salines saturées à chaud peuvent également rester liquides à froid, il y a alors *sursaturation*, et la présence d'un cristal du sel ou d'un cristal isomorphe provoque la solidification avec élévation de température.

Mélanges réfrigérants. — Quand un sel se dissout dans un liquide, il y a changement d'état et par suite dépense de chaleur. Cette chaleur est fournie par le liquide qui se refroidit, et, si on choisit convenablement le solide et le liquide pour que la dissolution soit rapide et l'action chimique faible, le refroidissement pourra être considérable, mais il sera limité par le phénomène inverse, la solidification. Les principaux mélanges employés sont :

neige et sel marin > — 21° ; neige et chlorure de calcium > — 48° ; sulfate de sodium acide chlorhydrique > — 18° ; eau et azotate d'ammoniaque > — 16°.

Chaleur de fusion de la glace. — On appelle *chaleur latente de fusion*, ou simplement *chaleur de fusion*, la quantité de chaleur mesurée en calories, nécessaire pour fondre 1 gramme d'un corps, quand ce corps a été préalablement amené à son point de fusion, ou encore pour fondre 1 gramme sans changement de température.

On la mesure avec le calorimètre. Prenons le cas de la glace. Le calorimètre contenant une masse m d'eau à $t°$, le vase, le thermomètre correspondant à la masse m' d'eau, jetons-y une masse M de glace à 0°, bien sèche et dont nous connaîtrons la valeur par l'augmentation de masse du calorimètre. La glace va fondre et le mélange va prendre la température commune θ, inférieure à t. Si x est la chaleur de fusion cherchée, on aura l'équation :

$$(m + m')(t - \theta) = Mx + M\theta,$$

d'où x. On trouve pour la glace $x = 80$ calories.

Il est à remarquer que, pour les autres solides, cette chaleur de fusion est beaucoup plus faible; elle vaut 14,8 pour l'étain; 9,4 pour le soufre ; 5,8 pour le plomb, etc.

Vaporisation. — Évaporation et ébullition.

Définitions. — La vaporisation en général est le passage d'un liquide à l'état de vapeur. Quand les vapeurs se produisent uniquement à la surface du liquide, le phénomène est appelé *évaporation*, et on peut le produire dans le vide, dans un gaz limité, ou à l'air libre. Quand les vapeurs prennent naissance sur les parois du vase, le phénomène est appelé *ébullition*.

Evaporation dans le vide, vapeurs saturées et non saturées. — Cette étude se fait en employant le vide barométrique et en y introduisant divers liquides. On constate que :

1° *Un liquide se vaporise instantanément dans le vide.*
2° *La vapeur saturée de chaque liquide a une tension qui lui est propre.*
3° *La tension d'une vapeur croît avec la température.*

Une vapeur est dite *non saturée* quand elle n'est pas au contact d'un excès de liquide. Dans ce cas, elle se comporte sensiblement comme un gaz et suit la loi de Mariotte. On le montre en mesurant son volume v et sa pression h et en constatant que $vh = C^{te}$ (46). Réciproquement les gaz sont des vapeurs non saturées, et la seule différence avec les vapeurs, c'est que leur point critique est inférieur à 0°.

Si la vapeur est en présence d'un excès de liquide, elle est dite *saturée*. Sa pression ne change pas, quel que soit le volume qu'elle occupe ; si le volume augmente, le liquide se vaporise ; si le volume diminue, la vapeur se liquéfie. A une température donnée, la pression de la vapeur est déterminée ; elle n'augmente qu'avec la température.

Une vapeur saturée se liquéfie donc si on la comprime ou si on la refroidit, et, dans ce dernier cas, on peut refroidir seulement une partie du volume qu'elle occupe, la tension de la vapeur qui persistera correspondra à la température du mélange réfrigérant. (Condenseur de la machine à vapeur, Tube de Faraday.)

46

Evaporation dans un gaz. — Si un liquide s'évapore dans un gaz limité, *l'évaporation est d'autant plus lente que la pression du gaz est plus grande, mais la vapeur saturée y prend la même pression que dans le vide.*

On le montre avec le ballon de Dalton. Le tube barométrique mesure d'abord la pression du gaz introduit, puis on sature le ballon de vapeur avec le robinet à goutte B, et l'élévation du niveau du mercure mesure la pression de la vapeur (47).

Evaporation à l'air libre. — A l'air libre, on peut constater par de simples pesées que le poids d'eau évaporée est :

1° *Proportionnel à la surface libre* S ;
2° *Sensiblement en raison inverse de la pression atmosphérique* H ;
3° *Augmenté par l'agitation de l'air ;*
4° *Proportionnel à la différence qui existe entre la tension maximum de la vapeur saturée émise par le liquide, et la tension de la vapeur d'eau de l'air.*

Ces lois se résument par la formule : $p = K \frac{S(F - f)}{H}$, la constante K dépendant de l'agitation de l'air.

47

Pour un autre liquide, l'alcool, f est nul et la valeur de F est plus grande ; l'évaporation est plus rapide. Pour le mercure, la glycérine, F est sensiblement nul, et ces liquides ne s'évaporent pas ; de là leur emploi pour les baromètres.

Ces lois sont appliquées pour le séchage du linge, les marais salants, etc.

Remarque. — Si on diminue H par le vide, l'évaporation devient très active, et, comme la vapeur effectue un travail pour se dégager, la chaleur nécessaire est fournie par le liquide qui se refroidit. Avec des liquides très volatils, on obtient ainsi de grands froids. — L'eau peut se geler ; SO^2 donne — 60°, l'éthylène — 136°, l'oxygène — 200°, l'hydrogène en se solidifiant — 260°.

Ebullition. — Quand un liquide est versé dans un vase, il y a des bulles microscopiques d'air interposées entre le liquide et les parois, et, quand on chauffe, ces bulles grossissent en donnant des bulles de vapeur qui montent à travers le liquide et crèvent à la surface.

Lois. — 1° *Pendant toute la durée de l'ébullition la température reste constante.* — La vapeur en se dégageant accomplit un travail, et la chaleur nécessaire est prise au foyer, de sorte que la température du liquide reste invariable.

2° *Sous une pression donnée, un liquide bout à une température déterminée appelée son point d'ébullition.* — Cette deuxième loi est influencée par la pression. Si la pression sur le liquide augmente, le point d'ébullition est plus élevé (exemples : Ebullition de l'eau dans les locomotives, Marmite de Papin) ; si la pression diminue, le point d'ébullition s'abaisse (exemples : Ebullition de l'eau dans le vide, ou sur les hautes montagnes, ballon de Franklin).

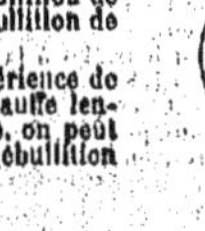

Remarque. — Sans la présence des bulles d'air interposées, l'ébullition est impossible. Ce fait est démontré par l'expérience de Gernez sur le sulfure de carbone. Gernez introduit du sulfure de carbone dans un tube parfaitement décapé et le chauffe lentement au milieu d'un grand ballon plein d'eau (48). Le sulfure bout à 45° à l'air ; dans les conditions de l'expérience, on peut atteindre 60° sans ébullition ; mais si on fait tomber dans le liquide un peu de limaille de fer qui amène de l'air, une ébullition tumultueuse se produit.

48

Chaleur de vaporisation. — On appelle *chaleur latente de vaporisation* la quantité de chaleur nécessaire pour vaporiser 1 gramme d'un liquide sans changement de température. On emploie encore pour la mesurer le calorimètre avec l'appareil suivant (49). Un réservoir *a* en verre, relié à un serpentin, est plongé dans le calorimètre; le serpentin communique avec un récipient destiné à vaporiser le liquide. Supposons qu'il s'agisse de l'eau. On fait distiller quelques grammes d'eau en chauffant le récipient, le poids en est connu par l'augmentation de poids de *a*. Soit M la masse qui a distillé, $m + m'$ la masse en eau du calorimètre, T la température d'ébullition, x la chaleur latente cherchée, t la température initiale du calorimètre et θ la température du mélange, on aura l'équation :

$$Mx + M(T - \theta) = (m + m')(\theta - t),$$

d'où x. Pour l'eau bouillant à 100°, on trouve $x = 537$ calories.

Si on faisait bouillir l'eau sous pression à des températures élevées, x irait en décroissant, et il s'annule pour $T = 365°$. C'est le point critique de l'eau.

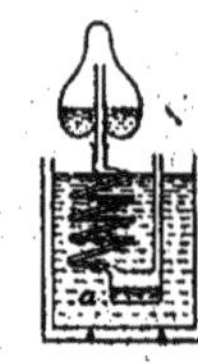

49

Mesure des pressions maxima des vapeurs saturées.

Tension maxima des vapeurs. — On sait déjà qu'une vapeur saturée, à une température donnée, exerce une pression constante, indépendante de son volume, mais variable avec la nature du liquide qui l'a fournie. Quand la température est inférieure au point d'ébullition du liquide, on peut mesurer les diverses pressions de sa vapeur saturée en employant l'appareil déjà connu (50) et composé de deux baromètres, l'un ordinaire A, l'autre à vapeur saturée B, mais il faudra supposer qu'ils sont entourés d'un manchon plein d'eau plus ou moins chaude. Un thermomètre donnera la température de l'eau ou de la vapeur, et la pression sera mesurée par la différence corrigée des niveaux du mercure. Si h est la différence lue, la pression est $\frac{h}{1 + mt}$, m étant le coefficient de dilatation du mercure.

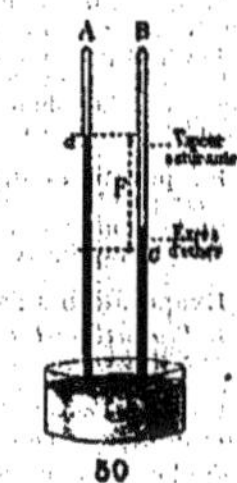

50

Pour les températures supérieures au point d'ébullition, Regnault emploie un appareil composé d'une chaudière de cuivre contenant le liquide, et communiquant par un tube incliné et refroidi avec un manomètre M, d'une part, et d'autre part avec un récipient d'air comprimé A (51). Pour opérer, on exerce avec l'air comprimé une pression P dans la chaudière, pression que mesure le manomètre, puis on porte le liquide à l'ébullition et on note la température constante T que marque le thermomètre. Il est clair alors qu'à T° la pression de la vapeur est P. En augmentant P on fait croître T, et on peut ainsi construire une table assez complète des pressions de la vapeur d'eau saturée à diverses températures.

Si on représente les résultats par une courbe en prenant les températures pour abscisses et pour ordonnées les pressions, on voit que la courbe pour l'eau s'élève lentement pour les températures faibles et rapidement pour les températures élevées (52). L'équation de cette courbe est :

$$\log P = a + b\alpha^t + c\beta^t,$$

dans laquelle a, α, b, β, c sont cinq constantes. Pour d'autres liquides, alcool, benzine, la forme de la courbe est la même, mais les constantes changent avec le liquide; pour le mercure, le soufre, il suffit des deux premiers termes dans le second membre.

Remarque. — Si on dissout un sel dans un liquide, la tension de sa vapeur baisse et par suite son point d'ébullition s'élève; inversement, le point de solidification du liquide s'abaisse.

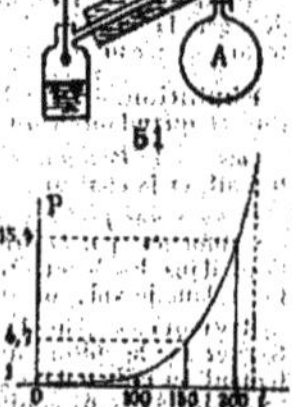

51

Liquéfaction des vapeurs et des gaz. — Point critique.

Continuité de l'état liquide et de l'état gazeux.

Liquéfaction des gaz. — Les vapeurs proviennent de corps liquides à la température ordinaire; aussi, pour liquéfier les vapeurs, il suffit de les refroidir au-dessous du point d'ébullition du liquide, par de l'eau froide; ou mieux de la glace (alambic pour l'eau ou l'alcool).

Les gaz conservent leur état à la température ordinaire. Certains peuvent se liquéfier à la pression atmosphérique sous un faible refroidissement; ainsi SO^2 à −10°. Mais avec un froid suffisant on pourrait les liquéfier tous; ainsi CO^2 à −80°, l'oxygène à −190°, etc. On peut employer un refroidissement bien moindre en faisant alors intervenir la pression. Le gaz CO^2 peut être liquéfié à 0° sous une pression de 35 atmosphères; à 15° sous une pression de 50 atmosphères. Faraday, en combinant ces deux effets, froid et pression, avait liquéfié tous les gaz connus, excepté six : O, H, Az, CO, CH^4, AzO, qu'on appela alors gaz permanents.

52

C'est Andrews qui a indiqué la *condition essentielle* de liquéfaction d'un gaz. En étudiant la compressibilité de CO^2 à diverses températures, il a reconnu qu'au-dessous de 31°, le gaz se liquéfie toujours sous une pression suffisante, mais qu'au-dessus de 31°, il reste gazeux, quelle que soit la pression. Cette température de 31° a été appelée le *point critique* de CO^2. Il était alors à prévoir que si les six gaz permanents précédents n'avaient pas été liquéfiés, c'est qu'ils n'avaient pas été refroidis au-dessous de leur point critique très bas. Il est, en effet, — 118° pour O, — 145° pour Az, — 240° pour H. L'éthylène liquide, donnant par évaporation un froid de — 136°, a permis de liquéfier O, l'évaporation de O liquide permet de liquéfier Az, etc. Mais c'est par la détente des gaz comprimés qu'on arrive aujourd'hui à obtenir de grands froids, et à liquéfier les gaz sous la pression atmosphérique. Des machines à compression et à détente fournissent en abondance de l'air liquide et même de l'hydrogène liquide.

Continuité de l'état liquide et de l'état gazeux. — Reprenons le cas de CO^2. Supposons ce gaz enfermé dans un tube et pouvant être soumis à des températures et à des pressions variables. Supposons le gaz à 15° sous la pression de 50 atmosphères, il commencera à se liquéfier; si on cherche à augmenter la pression, le gaz se liquéfie en plus grande abondance, la pression restant 50 atmosphères, et le tube contient à la fois du liquide et du gaz. Mais prenons le tube à 15° sous la pression 40 atmosphères, il sera plein de gaz; chauffons-le à 40° en augmentant la pression jusqu'à 100 atmosphères, le corps reste gazeux, puisqu'on dépasse la température critique. Si *sous cette pression* de 100 atmosphères on refroidit maintenant le tube jusqu'à 15°, on n'aura rien remarqué dans le tube, et cependant il sera alors plein de liquide. Donc on aura passé ainsi d'une manière continue de l'état gazeux à l'état liquide, et en opérant en sens inverse on passerait de l'état liquide à l'état gazeux, sans voir apparaître à un moment donné une superposition de liquide et de gaz.

Vapeur d'eau dans l'atmosphère. Brouillard, nuages.

Hygrométrie et appareil d'Alluard. — L'atmosphère contient toujours de la vapeur d'eau, comme le montrent les substances avides d'eau qui augmentent de poids. C'est elle, d'ailleurs, qui donne naissance aux nuages, à la pluie, à la neige, etc. On appelle *état hygrométrique* de l'air le rapport de la tension f de la vapeur d'eau de l'air à $t°$, à la tension F de la vapeur saturée à la même température $t°$. La valeur F est donnée par les expériences ou les tables de Regnault, quant à f on le mesure avec l'hygromètre, et le plus employé est celui d'Alluard. C'est un petit vase prismatique en cuivre doré contenant de l'éther qu'on peut faire évaporer progressivement au moyen d'un appel d'air. L'éther se refroidit progressivement, et un thermomètre très sensible donne à tout instant sa température (53). L'air se refroidit à son tour au contact du vase et il arrive un moment où une petite couche de rosée se dépose sur le vase et ternit son éclat. Si θ est la température du vase à ce moment, la vapeur d'eau de l'air est saturante à $\theta°$, et la table de Regnault donne la valeur de F_1. D'ailleurs, il est clair que l'on a aussi $f = F_1$, donc on connaît le rapport cherché $\frac{f}{F}$. Pour mieux saisir le dépôt de rosée, le vase est entouré d'un cadre de cuivre doré non refroidi qui reste brillant, et permet de saisir par contraste la première trace de rosée.

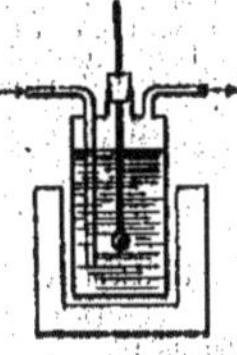
53

Rosée. — La rosée, qui se dépose pendant la nuit, a pour cause le refroidissement du sol par suite du rayonnement de la terre. Si le ciel est clair, le refroidissement peut être assez grand pour que les couches qui touchent le sol déposent de la rosée en devenant saturées; les corps mats à grand pouvoir émissif en prendront le plus, un corps brillant s'en recouvrira à peine. Si le ciel est couvert, le rayonnement est empêché, de même sous un abri, et il n'y a pas ou très peu de rosée. Un vent violent empêche les couches d'air de séjourner sur le sol, et il n'y a pas de rosée; d'ailleurs le vent la ferait évaporer.

Dans les meilleures conditions, la température peut descendre au-dessous de zéro et il y a *gelée blanche*.

Nuages. — Les nuages ou brouillards proviennent d'une condensation partielle de la vapeur d'eau à l'état de gouttelettes microscopiques. Suivant leur forme, les nuages se nomment : *cirrus*, nuages floconneux, très élevés et à l'état d'aiguilles de glace; *stratus*, quand ils forment des bandes horizontales parallèles; *cumulus*, quand ils sont en grosses masses blanches arrondies; *nimbus*, quand ils se présentent en masses noires se résolvant en pluie. Au contact de corps très froids, les branches d'arbre en hiver, par exemple, les brouillards donnent le *givre*.

Pluie. — La pluie provient de la condensation des nuages en grosses gouttes d'eau qui tombent. La pluie peut quelquefois tomber en fines gouttes à l'état de surfusion, alors au contact du sol elles produisent le *verglas*.

Neige. — La neige provient de la congélation de la vapeur d'eau, et elle est formée de cristaux hexagonaux divers et enchevêtrés.

Grêle. — La grêle provient, probablement, de parcelles de neige qui rencontrent de l'eau en surfusion, et, en effet, les grêlons sont plus ou moins gros et formés de séries de couches concentriques de glace.

Expérience de Joule. — Équivalent mécanique de la calorie.

L'équivalent mécanique de la calorie est, en unités physiques, le nombre d'ergs qu'elle peut produire en se transformant en travail. On l'évalue ordinairement en unités pratiques ou en joules, et ce nombre désigné par j vaut 4,17. Donc :

1 calorie équivaut à 4,17 joules.

Pour mesurer ce nombre, Joule fait tourner un moulinet à ailettes dans un calorimètre plein d'eau, et, pour éviter l'entraînement de l'eau en masse, le vase porte entre les ailettes des pièces rayonnantes, de sorte que l'eau se partage en disques, les uns immobiles, les autres entraînés, et le frottement est augmenté. Le moulinet est mis en mouvement par l'intermédiaire d'un treuil, d'une corde et d'un poids ; celui-ci tombe le long d'une règle graduée par un mouvement qui est bientôt uniforme et lent.

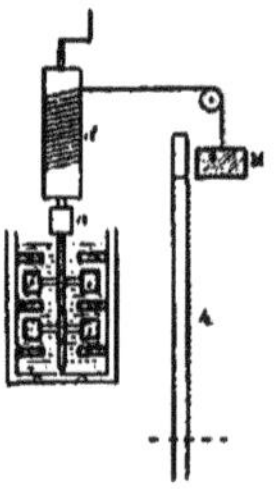

Soit M la masse en grammes du poids qui tombe, h la hauteur de chute en centimètres, v la vitesse en centimètres avec laquelle cette masse arrive au sol, et q la chaleur créée. L'énergie totale en ergs développée par la chute est Mgh ; elle a effectué un travail de T ergs dû au frottement ; elle a conservé une énergie de $\frac{1}{2}Mv^2$ en arrivant au sol, enfin elle a créé q calories dans le calorimètre. Si j est l'équivalent de la calorie en ergs, on a :

$$Mgh = T + \frac{1}{2}Mv^2 + jq.$$

Comme q est très petit, on répétera vingt fois l'expérience pour obtenir une quantité de chaleur $20q = Q$ qu'on mesure dans le calorimètre. En effet, si π est sa masse en eau et θ l'échauffement de l'eau, on a $Q = \pi\theta$. Pour connaître T, on fait tourner à la fin de l'expérience le moulinet à vide, sous l'action d'une masse m que l'on cherche par tâtonnements de façon que le moulinet tourne avec la même vitesse, ou que m arrive au sol avec la vitesse précédente v. On a alors (54) :

$$mgh = T + \frac{1}{2}mv^2.$$

En retranchant les deux équations : $$gh(M - m) = \frac{1}{2}v^2(M - m) + jq,$$

ou sensiblement : $$gh(M - m) - \frac{1}{2}Mv^2 = jq.$$

Par suite : $$20\left[gh(M - m) - \frac{1}{2}Mv^2\right] = jQ.$$

On trouve ainsi pour j le nombre $4,17 \times 10^7$ ergs, ou 4,17 joules.

En kilogrammètres, la petite calorie équivaut à $\frac{4,17}{9,81} = 0,425$ kilog., par suite la grande calorie équivaut à 425 kilogrammètres.

54

Machines thermiques. — Principe de Carnot. — Dégradation de l'énergie.

Les machines thermiques transforment la chaleur en travail.

Les deux principaux types de machines thermiques sont la machine à vapeur et le moteur à explosion.

Machine à vapeur. — Les organes essentiels de la machine à vapeur sont d'abord la *chaudière* qui vaporise l'eau à une pression plus ou moins élevée et qui doit être munie : 1° d'un *niveau d'eau*, 2° d'un *manomètre*, et 3° d'une *soupape de sûreté*. De la chaudière la vapeur pénètre dans le *cylindre* où se meut le piston, et, pour qu'elle puisse agir alternativement sur les deux faces du piston, son admission est réglée par le *tiroir* ou par des soupapes mises en jeu par des cames. Après avoir agi sur le piston, la vapeur prend une pression voisine de la pression atmosphérique et s'échappe dans l'air, ou bien elle est mise en relation avec un *condenseur*, et sa pression descend à quelques centimètres de mercure. La tige du piston transmet son mouvement à la roue motrice par l'intermédiaire de la *bielle* et la tige est guidée dans son déplacement par une *glissière*. La vapeur agit sur le piston pendant la plus grande partie de sa course en se détendant, et, si on veut varier la *détente*, on peut employer la *glissière de Stéphenson*. Enfin, dans les puissantes machines la détente s'achève dans un ou deux autres cylindres munis également de pistons (Machines Compound).

Comme appareils régulateurs du mouvement, on peut citer le *volant* et le *régulateur à boules*.

Les machines à vapeur industrielles peuvent facilement développer une puissance de 1000 chevaux-vapeur, et pour les cuirassés ou les grands transatlantiques, les machines accouplées sur l'axe de l'hélice peuvent développer plus de 30000 chevaux.

Rendement. — Si l'on appelle Q la quantité de chaleur prise au foyer par la vapeur en un temps donné, Q' la quantité de chaleur restituée au réfrigérant, la quantité maximum de chaleur pouvant fournir du travail sera Q — Q', et le *rendement théorique* sera $\frac{Q-Q'}{Q}$. On obtient le *rendement industriel* ou vrai, en évaluant le travail T que peut fournir la machine en un temps donné, et la chaleur Q fournie par le combustible brûlé dans le même temps; le rendement est $\frac{T}{JQ}$. On trouve ainsi un rendement qui atteint à peine $\frac{1}{10}$.

Moteurs à explosion. — Dans les moteurs à explosion, on brûle un mélange convenable d'air avec du gaz d'éclairage ou de la vapeur d'essence de pétrole. Le mélange enflammé par une étincelle brûle dans le cylindre même, ce qui diminue les pertes de chaleur, et d'ailleurs la haute température des produits de la combustion développe sur le piston une pression considérable. Ces moteurs sont ordinairement à quatre temps : dans le premier temps ou la première course du piston, le mélange gazeux est aspiré; dans le 2e, les gaz sont refoulés dans la chambre d'explosion; dans le 3e, le mélange est enflammé et le piston repoussé; c'est le seul temps actif; dans le 4e, le piston refoule les produits de la combustion dans l'air.

Comme organes accessoires, il faut un *volant* pour entretenir le mouvement du piston, une *circulation d'eau* pour refroidir le cylindre, un *carburateur* pour pulvériser et mélanger l'essence à l'air, enfin une magnéto pour enflammer les gaz au moment voulu. Le rendement industriel atteint $\frac{2}{10}$.

Principes de Carnot. — En présence du rendement si faible des moteurs thermiques, la question qui se pose est la suivante : Ne pourrait-on pas faire subir à la vapeur d'eau d'autres transformations, et n'y aurait-il pas d'autres corps que l'eau capables de fournir un meilleur rendement? Carnot, qui a établi les principes suivants, répond à cette double question.

1° *Dans toute machine thermique il faut deux sources de chaleur, l'une élevée appelée foyer, l'autre plus basse appelée réfrigérant, et il y a toujours passage de chaleur du foyer sur le réfrigérant, c'est-à-dire chaleur inutilisée.*

2° *Le rendement maximum qu'on peut obtenir ne dépend que des températures absolues du foyer et du réfrigérant; il est indépendant du corps qui subit les transformations, et a pour valeur :*

$$R = \frac{T - T'}{T},$$

en appelant T et T' les températures absolues du foyer et du réfrigérant.

Ce résultat, appliqué à une machine où la chaudière est à 160° et le réfrigérant à 30°, donne R = 0,30. On voit ainsi combien il y a de pertes par suite des frottements, du rayonnement, et de la vapeur chaude entraînée dans l'air ou le condenseur.

Dégradation de l'énergie. — Le rendement des moteurs thermiques montre qu'on ne peut utiliser que les $\frac{1}{20}$ ou $\frac{2}{10}$ de la chaleur totale en travail. Sous la forme de chaleur, l'énergie est donc peu apte à se transformer en travail, et on dit qu'elle est alors à un état inférieur ou dégradé. Or, dans toutes les manifestations de l'énergie (boulet lancé dans l'air, locomotive actionnant un train, courant animant un moteur, etc), il se produit des frottements dans l'air, sur les rails, sur les pièces mobiles des machines, et tous ces frottements développent de la chaleur qui se dissipe et devient inutilisable. C'est ce phénomène général qui constitue la dégradation de l'énergie, et si la chaleur apparaît ainsi comme étant sa forme la plus générale, c'est aussi la plus mauvaise pour les applications mécaniques. On peut même concevoir que, par suite de la dégradation continue de l'énergie, tous les corps puissent arriver à avoir la même température, et dans ces conditions aucun mouvement ne serait plus possible d'après le premier principe de Carnot.

1. — Un fil de cuivre a un kilomètre de longueur à 30°, quelle est la longueur à 0° ? On donne le coefficient de dilatation du cuivre 0,000017.

2. — Deux tiges, l'une de fer, l'autre de zinc, ont la même longueur de 5 mètres à 0°. Quelle sera la différence de leurs longueurs à 150° ? Coefficient de dilatation du fer 0,0000107, et du zinc 0,000031.

3. — Une barre métallique a 5 mètres de long à 0° et s'allonge de $7^{mm},5$ à 8°. Quel est son coefficient de dilatation ?

4. — Le coefficient de dilatation du plomb étant $\frac{1}{35100}$, quel est à 50° la longueur d'une barre de ce métal qui a une longueur de $2^{m},50$ à 20° ?

5. Quel est le volume d'un kilogramme de platine à 50°, sachant qu'à 0° sa densité est 21,5 et son coefficient de dilatation 0,000027 ?

6. — Deux vases communicants contiennent, l'un du mercure à 200°, l'autre du mercure à 10° et sur une hauteur de 30 centimètres. Quelle est la hauteur du mercure dans la branche chaude ? Le coefficient de dilatation cubique du mercure est $\frac{1}{5550}$.

7. — Un kilogramme d'un corps occupe un volume de 1000^{cc} à $15^{\circ},1$. Quelles sont ses densités à 0° et à 50° ? Coefficient de dilatation cubique $\frac{1}{10000}$.

8. — À 0° la densité du mercure est 13,59 et son coefficient de dilatation cubique $\frac{1}{5550}$. Quel est à 100° le poids de 20 litres de mercure ?

9. — Que deviendrait à pression constante et à 300°, le volume de 5 mètres cubes d'air mesurés à 0° ? Que pèserait 1 mètre cube de cet air ? À 0° 1 litre d'air pèse $1^{g},3$ et son coefficient de dilatation est $\frac{1}{273}$.

10. — Un boulet de fer pesant 1 kilogramme a été porté dans un four, puis plongé dans un calorimètre de laiton pesant 300 grammes et contenant 1500 grammes d'eau à 18°. La température finale est 30°. Quelle était la température du four, sachant que la chaleur spécifique du fer est 0,11 et celle du laiton 0,091 ?

11. — Dans 600 grammes d'eau à 30° on fait fondre 20 grammes de glace à 0° ; quelle sera la température finale, sachant que la chaleur latente de fusion de la glace est 80 calories ?

12. — Combien faut-il de kilogrammes d'eau à 45° pour fondre 8 kilogrammes de glace à 0° et amener la température à 15° ? Chaleur de fusion de la glace 80 calories.

13. — Combien faut-il de kilogrammes de vapeur d'eau à 100°, pour échauffer 100 litres d'eau de 10° à 60° ? Chaleur latente de vaporisation de l'eau 537 calories.

14. — Combien faut-il de vapeur d'eau à 100° pour liquéfier 12 kilogrammes de glace à 0° et obtenir une température finale de 10° ? Chaleur de fusion de la glace, 80 calories ; chaleur de vaporisation de l'eau, 537 calories.

15. — Partager 100 grammes d'eau à 10° en deux parties, telles que la chaleur dégagée par l'une en se transformant en glace à 0° puisse vaporiser l'autre à 100°. Chaleur de fusion de la glace, 80 calories ; chaleur de vaporisation à 100°, 537 calories.

16. — Une balle de fusil pesant 10 grammes rencontre un obstacle fixe ; en supposant que toute son énergie soit transformée en chaleur, on demande sa vitesse initiale pour que la balle tombe au pied de l'obstacle complètement fondue. La chaleur spécifique du plomb est 0,03, sa chaleur latente de fusion est 5,4 ; sa température de fusion, 320°, et sa température initiale 15°.

17. — Une chambre de 100 mètres cubes contient de l'air dont l'état hygrométrique est 0,7 et la température 20°. Quel est le poids de vapeur d'eau qu'elle contient, sachant que la tension maximum à 20° est 17 millimètres, et qu'un litre de vapeur d'eau dans les conditions normales pèse $0^{g},8$?

18. — Dans un briquet à air contenant 25 milligrammes d'air on exerce une compression brusque correspondant à un travail de 1 kilogrammètre et demi. Quelle sera l'élévation de température, sachant que la chaleur spécifique de l'air est 0,23 ?

19. — Un vase cylindrique, fermé par un piston mobile sans frottement et sans poids, contient 1 litre d'air à 0°. On le chauffe de 10° sous la pression atmosphérique 76°, de combien reculera ce piston si sa section est 1 décimètre carré ? L'équivalent mécanique est 4,17 joules et le coefficient de dilatation de l'air $\frac{1}{273}$.

20. — Un corps pesant 20 kilogrammes glisse le long d'un plan incliné de 10 mètres de hauteur, et, arrivé au bas du plan, sa vitesse n'est que de 3 mètres. Quelle est la quantité de chaleur créée par le frottement ? Eq. méc. = 4,17 joules.

21. — L'arbre d'une machine à vapeur fait 70 tours à la minute, et le piston de 4 décimètres carrés de surface reçoit de la vapeur à 6 atmosphères, tandis que la pression du condenseur est 50^{mm}. Trouver la puissance de la machine, sachant que la course du piston est 50°.

22. — Une machine à vapeur de 20 chevaux consomme 1 kilogramme de houille par cheval et par heure, le kilogramme de houille donnant 8000 calories. La chaudière étant à 180° et le condenseur à 40° ; calculer la puissance de la machine si toute la chaleur était transformée en travail, et quelle serait cette puissance si le principe de Carnot était applicable.

23. — Dans un calorimètre, dont la masse en eau est 503 grammes, tourne un moulinet entraîné par un poids de 24 kilogrammes qui descend de $12^{m},5$ par minute. Trouver l'élévation de température de l'eau par minute, sachant que l'éq. méc. est 4,17 joules et que $g = 980$.

Nature de la lumière. — Sa propagation. — Sa vitesse. — Photométrie.

Nature de la lumière. — Les phénomènes lumineux sont expliqués par la théorie des ondulations due à Huyghens et complétée par Fresnel. On admet que les molécules des corps lumineux exécutent des vibrations excessivement rapides, et que ces vibrations sont transmises par un milieu très léger nommé *éther*, milieu qui est répandu partout, dans le vide et dans les espaces intermoléculaires des corps. Mais, tandis que le son est propagé dans l'air par vibrations longitudinales, la lumière est propagée par l'éther par vibrations transversales. Comme en acoustique, les lumières de diverses couleurs s'expliquent comme les sons de diverses hauteurs : elles sont dues à des mouvements vibratoires plus ou moins rapides, le rouge extrême correspond à 400×10^{12} vibrations, et le violet extrême à 800×10^{12}. L'intervalle est à peu près d'un octave. En supposant ce mouvement penduluire, les phénomènes d'optique peuvent être soumis au calcul, et les conséquences du calcul ont toujours été vérifiées par l'expérience, ce qui légitime l'hypothèse.

Sa propagation. — Un rayon de lumière ne peut pas être isolé, car, si on cherche à rétrécir de plus en plus un faisceau lumineux, des phénomènes nouveaux de diffraction apparaissent, et on appellera rayon de lumière un faisceau cylindrique étroit de lumière. Dans ces conditions, la lumière se propage en ligne droite, et cette conséquence est vérifiée par les phénomènes d'ombre et de pénombre, ou bien par la formation des images dans la chambre noire.

Sa vitesse. — La vitesse de la lumière a d'abord été mesurée par des procédés astronomiques, et Rœmer avait trouvé 308 000 kilomètres. Plus tard, Fizeau la mesure par un procédé purement physique et trouve 315 000 kilomètres. Cette méthode a été reprise par Cornu qui trouva 298 kilomètres, et récemment par M. Perrotin, à Nice, qui a trouvé 299 500 kilomètres. Nous indiquerons plus loin le principe de cette excellente méthode.

Photométrie. — **Définitions.** — La photométrie a pour but de comparer les intensités de deux lumières de même couleur. On appelle *éclairement* d'une source lumineuse sur un écran la quantité de lumière reçue par l'unité de surface de cet écran. — On appelle *intensité* d'une source l'éclairement à l'unité de distance quand les rayons lumineux tombent normalement sur l'écran.

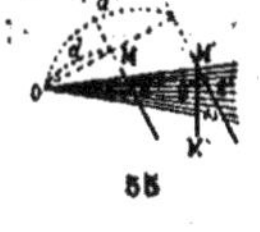
55

Principe. — *Les éclairements d'une même source varient en raison inverse du carré des distances à l'écran.*

Soient deux écrans parallèles M et M' situés à des distances d et d' de la source O et découpant deux surfaces S et S' dans un même faisceau étroit de lumière. On aura $\frac{S}{S'} = \frac{d^2}{d'^2}$ (55). D'autre part, si E et E' sont les éclairements sur les deux écrans, on a $ES = E'S'$, ou $\frac{E}{E'} = \frac{S'}{S} = \frac{d'^2}{d^2}$.

Si l'un des écrans devenait normal au faisceau comme M'', il intercepterait une surface S'', et son éclairement E'' serait tel que $E''S'' = E'S'$. Si ω est l'angle d'inclinaison de l'écran M'', on a : $S'' = S' \cos \omega$, et $E' = E'' \cos \omega$ (loi du cosinus).

Vérification. — On vérifie le principe en se servant d'une longue boîte divisée par une cloison médiane M ; la face verticale AB opposée à l'ouverture est translucide. En plaçant une bougie dans un compartiment à 1 décimètre, on constate que, pour avoir le même éclairement sur les deux moitiés de AB, il faut 4 bougies placées à 2 décimètres dans l'autre compartiment.

Photomètres. — Les photomètres servent à comparer les intensités de deux lumières, en se fondant sur la propriété que possède l'œil de reconnaître seulement l'égalité de deux éclairements. Si I et I' sont les intensités de deux lumières, c'est-à-dire leurs éclairements à 1 mètre, en les reculant l'une à D mètres et l'autre à D' mètres, leurs éclairements deviendront $\frac{I}{D^2}$ et $\frac{I'}{D'^2}$, et s'ils sont devenus égaux, on a :

$$\frac{I}{D^2} = \frac{I'}{D'^2} \quad \text{ou} \quad \frac{I}{I'} = \frac{D^2}{D'^2}.$$

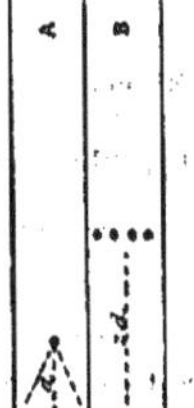
56

On peut employer l'appareil de Foucault, qui est l'appareil (56) ou l'appareil Bunsen. C'est un simple écran en papier portant en son milieu une petite tache d'huile, tache qui devient invisible quand elle est également éclairée sur ses deux faces. D'un côté on placera une bougie à 1m, de l'autre une lampe à D mètres de façon à ne plus voir la tache, et on aura :

$$\frac{\text{Lampe}}{\text{Bougie}} = \frac{D^2}{1} \quad \text{ou} \quad \text{Lampe} = D^2 \text{ bougies}.$$

Unité de lumière. — L'unité d'intensité est le *violle* ou l'éclairement normal à 1m de 1 centimètre carré de surface de platine à son point de solidification. L'unité pratique est la *bougie décimale*, qui égale $\frac{1}{20}$ violle.

La bougie de l'Etoile égale 0,06 violle.

Lois de la réflexion. — Miroirs plans. — Miroirs sphériques.

Miroirs plans. Lois de la réflexion. — Définitions. — Quand un rayon lumineux rencontre une surface polie, une partie de la lumière est renvoyée du même côté de la surface et constitue le *rayon réfléchi ;* une autre partie est absorbée ou diffusée, de sorte que par réflexion l'intensité est toujours affaiblie.

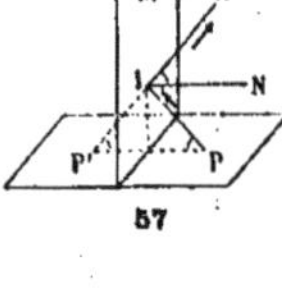

57

Lois de la réflexion et leur vérification. — 1° *Le rayon incident, la normale au point d'incidence et le rayon réfléchi sont dans un même plan.*

2° *Les angles que font le rayon incident et le rayon réfléchi avec la normale sont égaux.*

La vérification de ces lois repose sur le fait suivant : *L'image d'un point lumineux dans un miroir plan est symétrique de ce point par rapport au miroir.* Ainsi, si on place deux bougies égales symétriquement par rapport à une glace sans tain, l'image de l'une se superpose à l'autre, et, si l'on allume l'une d'elles, l'autre paraît aussi allumée. Alors soit M cette glace, P le point lumineux, P' son image symétrique, un rayon incident quelconque PI se réfléchit en passant par P' et le plan PIR contenant P' et par suite PP' contient aussi la normale IN au miroir. De plus, les angles d'incidence et de réflexion étant égaux aux angles en P et en P' sont égaux entre eux (57).

Cas particuliers. — L'image P' qui résulte d'une illusion de l'œil est une *image virtuelle.*

L'image d'une droite s'obtiendra en prenant les symétriques de ses divers points ; ce sera une autre droite symétrique et qui sera aussi virtuelle.

Devant des miroirs angulaires dont l'angle est compris n fois dans 4 droits, on aura $n-1$, ou n images virtuelles, suivant que n est pair ou impair.

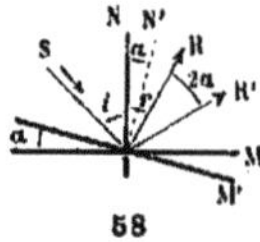

58

Miroirs tournants. Application. — Soit un rayon SI tombant sur le miroir M et IR le rayon réfléchi, on a $i=r$. Si SI reste constant, ainsi que son plan d'incidence, mais si M tourne de α, l'angle i devient $i+\alpha$, puisque IN tourne aussi de α, et l'on a (58) :

$$RIS = 2i, \quad R'IS = 2(i+\alpha) \quad \text{et} \quad RIR' = 2\alpha.$$

Application. — Supposons que le rayon incident SI passant par une fente étroite S soit normal au miroir M, il se réfléchira sur lui-même ; si M tourne de α, le rayon réfléchi frappera en S' une règle circulaire de rayon SI. Si on mesure l'arc SS' en millimètres, on aura $\frac{SS'}{SI} = 2\alpha$ et $\alpha = \frac{1}{2}\frac{SS'}{SI}$ en radians (59).

Si l'on avait employé une règle droite, le rayon réfléchi la frapperait en S'' et l'on aurait : $\operatorname{tg} 2\alpha = \frac{SS''}{SI}$, d'où α.

On applique cette méthode optique pour mesurer les petites déviations des aiguilles de galvanomètres ou d'électromètres.

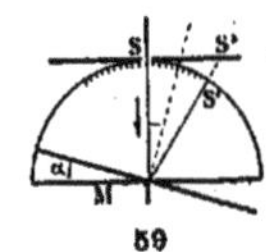

59

Miroirs concaves. — Définition. — On appelle miroir sphérique un miroir formé par une calotte sphérique ; suivant qu'il est poli sur une face ou sur l'autre, il est concave ou convexe. Axe principal. Centre de courbure. Centre de figure.

Propriété fondamentale. — *Si un point lumineux est sur l'axe principal d'un miroir concave, tous les rayons réfléchis passent par un même point de cet axe appelé foyer conjugué ou image du point lumineux.*

En effet, si PI est un rayon incident quelconque, IP' le rayon réfléchi, IC étant bissectrice, on a : $\frac{CP}{CP'} = \frac{PI}{P'I}$ (60). Si l'arc SI est très petit, on peut écrire $\frac{CP}{CP'} = \frac{PS}{P'S}$. En appelant p et p' les distances SP et SP', et $2f$ le rayon, on a : $\frac{p-2f}{2f-p'} = \frac{p}{p'}$, ou $\frac{1}{p} + \frac{1}{p'} = \frac{1}{f}$. D'ailleurs, p et f étant constants, p' est aussi constant.

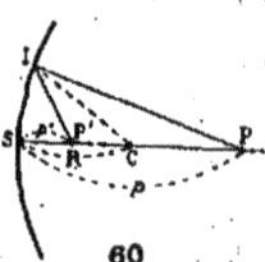

60

Déplacement du foyer conjugué. — De la formule précédente on déduit que si :

$p=\infty$; $p'=f$ (foyer principal),
p diminue, p' augmente,
$p=2f$, $p'=2f$,
$p=f$, $p'=\infty$.

Pour des valeurs de p moindres que f, p' devient négatif, ce ne sont plus les rayons réfléchis eux-mêmes qui se coupent en avant du miroir, mais ce sont leurs prolongements qui se coupent derrière le miroir, et l'image devient virtuelle.

Donc p variant de f à 0, p' varie de $-\infty$ à 0. — Enfin, si le miroir reçoit des rayons convergents qui se coupent derrière le miroir, p est négatif et le point lumineux virtuel, et p variant de 0 à $-\infty$, p' est positif et varie de 0 à f.

Réflexion. — Miroirs plans. — Miroirs sphériques.

En résumé, *le point lumineux et son image se déplacent toujours en sens inverse et se rencontrent deux fois, au centre de courbure et au centre de figure. — D'ailleurs la formule* $\frac{1}{p}+\frac{1}{p'}=\frac{1}{f}$ *est générale en regardant* p *et* p' *comme positifs quand ils sont comptés vers le centre* C *ou quand le point lumineux et l'image sont réels, et comme négatifs quand ils sont virtuels ou derrière le miroir.*

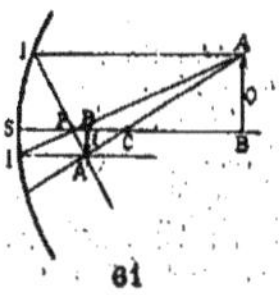

Images. — L'objet est supposé être une droite très petite perpendiculaire à l'axe principal ; dans ces conditions, son image est une autre droite perpendiculaire à l'axe, et il suffit de trouver l'image de l'extrémité A en dehors de l'axe. Nous choisirons trois rayons issus de A : 1° le rayon parallèle à l'axe qui, après réflexion, passe au foyer principal F ; 2° le rayon passant par le centre qui se réfléchit sur lui-même ; 3° le rayon AF qui après réflexion devient parallèle à l'axe. Tous se coupent au même point A', et la perpendiculaire A'B' est l'image de AB (61). En appelant I cette image et O l'objet, on a :

61

$$\frac{I}{O}=\frac{f}{p-f}=\frac{p'-f}{f}=\frac{p'}{p};$$

on peut ainsi étudier les valeurs de $\frac{I}{O}$ en fonction de p ou de p'. — Enfin, si l'on comptait les distances π et π' de l'objet et de l'image à partir de F, on aurait $\frac{I}{O}=\frac{f}{\pi}=\frac{\pi'}{f}$, d'où $\pi\pi'=f^2$ (formule de Newton).

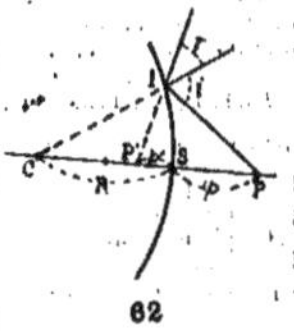

Miroirs convexes. — Si l'on reprend pour un miroir convexe la démonstration de la propriété fondamentale, on est conduit à (62) :

$$\frac{CP}{CP'}=\frac{PI}{P'I}=\frac{PS}{P'S} \quad \text{ou} \quad \frac{2f+p}{2f-p'}=\frac{p}{p'} \quad \text{ou} \quad \frac{1}{p'}-\frac{1}{p}=\frac{1}{f}.$$

62

Si l'on convient encore de considérer p et p' comme positifs quand ils sont comptés à partir de S vers le centre et comme négatifs en sens inverse ; dans le cas de la figure p sera négatif et la formule générale sera encore $\frac{1}{p}+\frac{1}{p'}=\frac{1}{f}$. Avec ces conventions, f est toujours positif, mais l'objet ou l'image ne sont réels que lorsque les valeurs correspondantes de p et de p' sont négatives, à l'inverse des miroirs concaves.

L'image et l'objet se déplacent toujours en sens inverse en se confondant en C et en S.

Enfin, la construction des images est analogue (63) et en tenant compte des signes de p ou de p', on a :

$$-\frac{I}{O}=\frac{f}{p-f}=\frac{p'-f}{f}=\frac{p'}{p}, \text{ et la formule de Newton } \pi\pi'=f^2.$$

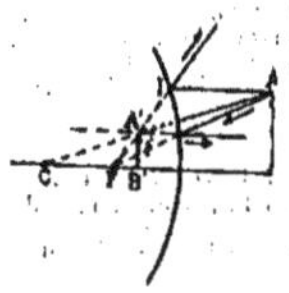

Remarque. — Quand l'angle d'ouverture d'un miroir est un peu grand, les rayons partis d'un point ne convergent plus en un point ; les images sont troubles, et ce défaut s'appelle *aberration de sphéricité*. Il n'existerait plus si le point lumineux était placé au centre, ou dans un miroir elliptique s'il était placé à l'un des foyers. De même pour un miroir parabolique quand la lumière arrive parallèlement à l'axe ; ces derniers sont employés pour les télescopes, et les images obtenues sont assez nettes pour pouvoir supporter de forts grossissements avec un microscope.

63

Lois de la réfraction. — Image d'un point par réfraction. — Prisme.

Définition. — Quand un rayon de lumière franchit la surface de séparation de deux milieux transparents, il subit une déviation ou une réfraction. Ce changement de direction peut être prouvé avec :

1° l'expérience de la pièce de monnaie placée au fond d'un vase plein d'eau ;
2° l'expérience du bâton brisé dans l'eau ;
3° l'expérience de la cuve en verre à cloison diagonale, etc.

Lois de la réfraction. — Image d'un point par réfraction. — Prisme.

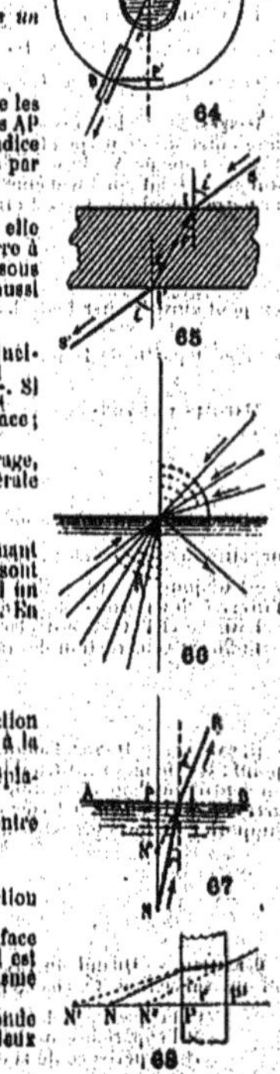

Réfraction. — Lois. Vérification. — 1° *Le rayon incident, la normale au point d'incidence et le rayon réfracté sont dans un même plan.*

2° *Le rapport des sinus des angles d'incidence et de réfraction est constant pour les mêmes milieux.*

On peut les vérifier grossièrement avec l'appareil de Silbermann (64). D'abord, par le fait qu'un rayon lumineux peut suivre les deux alidades en traversant le liquide, la première loi est démontrée. D'autre part, si l'on prend le rapport des perpendiculaires AP et BP' qui sont proportionnelles à sin i et à sin r, on trouve qu'il est constant quelle que soit l'incidence i. Ce rapport n est l'indice de réfraction du liquide par rapport à l'air, et l'on a $\sin i = n \sin r$; mais, s'il s'agissait de deux milieux ayant pour indices par rapport à l'air n_1 et n_2, la loi se traduirait par $n_1 \sin i = n_2 \sin r$.

Principe du retour inverse. — Si, dans l'appareil de Silbermann réglé, on faisait passer la lumière incidente par l'alidade B, elle sortirait par l'alidade A, d'où le principe du retour inverse. On en conclut que, si un rayon lumineux frappe une lame de verre à faces parallèles sous l'incidence i, le rayon y pénètre en faisant un angle r avec la normale; rencontrant la face de sortie sous l'inclinaison r, il sort sous l'inclinaison i, c'est-à-dire parallèlement à sa direction première. — La vérification de ce fait sera aussi une nouvelle vérification du principe (65).

Angle limite. Réflexion totale. — Un rayon qui passe de l'air dans l'eau, par exemple, y pénètre toujours quelle que soit l'incidence, et l'angle de réfraction r est donné par $\sin i = n \sin r$. Pour $i = 90°$, r prend une *valeur limite* R donnée par $\sin R = \frac{1}{n}$. Si le rayon passait de l'eau dans l'air, il suivrait une marche inverse; pour une incidence égale à R, il sortirait en rasant la surface; pour une incidence plus grande, il n'y a plus réfraction, mais *réflexion totale* du rayon à la surface de séparation (66).

Ce phénomène de réflexion totale permet d'expliquer les apparences que voit un plongeur sous l'eau, les phénomènes de mirage, le prisme à réflexion, etc. Enfin, on peut imaginer diverses constructions géométriques pour traduire la relation générale $n_1 \sin i = n_2 \sin r$, et en particulier celle d'Huyghens.

Images par réfraction. — A travers une surface plane. — A travers une simple surface plane les rayons réfractés provenant d'un même point lumineux ne concourent plus en un même point, mais il y a encore une image quand les rayons incidents sont très voisins de la normale à la surface menée par le point lumineux. Soit N un point lumineux dans l'eau par exemple, PI un rayon d'incidence r, le rayon réfracté IR sortant sous l'inclinaison i rencontre la perpendiculaire NP en un point N' constant. En effet (67) :

$$PI = PN \operatorname{tg} r = PN' \operatorname{tg} i, \quad \frac{PN'}{PN} = \frac{\operatorname{tg} r}{\operatorname{tg} i} = \frac{\sin r}{\sin i} = \frac{1}{n}, \quad \text{par suite } PN' = \frac{1}{n} \cdot PN.$$

A travers une lame. Supposons que le rayon traverse une lame à faces parallèles d'indice n et d'épaisseur e (68). La réfraction sur la première face donnera de N une image N' telle que $N'P = n.NP$. Par réfraction sur la deuxième face le point N' situé à la distance $n \cdot NP + e$ de cette face donnera une image définitive N'' située à la distance $N''P' = \frac{1}{n}(n \cdot NP + e) = NP + \frac{e}{n}$. Le déplacement de l'image N'' par rapport au point lumineux N sera donc égal à $NP + e - \left(NP + \frac{e}{n}\right) = e\left(1 - \frac{1}{n}\right)$. Ce résultat montre que, si on peut mesurer ce déplacement, on a un moyen nouveau de mesurer l'indice n.

A travers deux surfaces inclinées. Prisme. — Un milieu limité par deux surfaces inclinées se nomme *prisme*. L'arête d'intersection est l'*arête réfringente*, la face opposée à l'arête et qui limite le milieu se nomme *base* du prisme.

Nous supposerons que la lumière qui le traverse est homogène. Un rayon incident quelconque SI se brise sur la première face en I, puis sur la seconde en I', et sort finalement dévié vers la base. Quand le rayon sort, comme nous l'avons supposé, il est toujours dévié vers la base, car, si l'œil reçoit les rayons réfractés, il voit toujours l'image de la source S relevée en S'. Le prisme donne donc d'un objet S une image virtuelle S' dont la distance au prisme varie avec l'inclinaison des rayons incidents (69).

Il faut remarquer que la lumière pénètre toujours à travers la première face, mais elle ne pourra sortir en I' de la seconde qu'autant que l'angle r' que fait II' avec la normale est moindre que l'angle limite. Si l'angle A du prisme était supérieur à deux fois l'angle limite, aucun rayon ne pourrait sortir; il y aurait toujours réflexion totale sur la seconde face.

Lois de la réfraction. — Image d'un point par réfraction. — Prisme.

En appelant d l'angle de déviation subie par le rayon lumineux, on a les quatre relations suivantes :

$$\begin{cases} \sin i = n \sin r \\ \sin i' = n \sin r' \end{cases} \qquad \begin{cases} A = r + r' \\ d = i + i' - A. \end{cases}$$

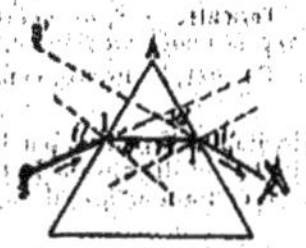

69

Puisqu'il y a sept variables, il faudra en connaître trois pour calculer les quatre autres, ce qui revient à dire qu'une variable quelconque est fonction de trois autres ; en particulier d est fonction de i, de A et de n. On peut le montrer avec un prisme à angle variable, et avec le polyprisme. Pour l'influence de i, on peut constater, en particulier, que la déviation passe par un minimum et qu'il a lieu pour $i = i'$.

Le calcul le montre également. En effet, en ajoutant les deux premières formules membre à membre, on a :

$$2 \sin \frac{i+i'}{2} \cos \frac{i-i'}{2} = 2n \sin \frac{r+r'}{2} \cos \frac{r-r'}{2}, \text{ ou } \sin \frac{A+d}{2} = n \sin \frac{A}{2} \frac{\cos \frac{r-r'}{2}}{\cos \frac{i-i'}{2}}.$$

Si i diffère de i', r diffère de r' et le dernier rapport est toujours plus grand que 1 ; le minimum aura lieu quand il sera égal à 1, ou pour $i = i'$ et $r = r'$.

Si on mesurait cette déviation minimum δ, l'indice du prisme serait donné par $n = \dfrac{\sin \frac{A+\delta}{2}}{\sin \frac{A}{2}}$. C'est la méthode générale indiquée par Newton.

Dioptre et lentilles.

Dioptre. — *Définition.* — Un dioptre est constitué par deux milieux séparés par une surface plane ou courbe.

Supposons que les deux milieux soient de l'air et du verre d'indice n et que la surface soit sphérique. Ce dioptre jouit de la propriété fondamentale suivante :

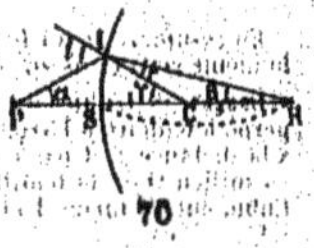

70

Propriété et formule du dioptre. — *Si un point lumineux est placé dans un des milieux, l'air par exemple, tous les rayons réfractés qu'il fournit convergent en un même point de la droite qui joint le point lumineux au centre.*

Soit PI un rayon incident quelconque, IR son rayon réfracté, et supposons l'arc SI très petit, on aura (70) :

$$\sin i = n \sin r, \quad \text{ou} \quad i = nr ;$$

d'autre part, on a aussi :

$$i = \alpha + \gamma \quad \text{et} \quad \gamma = r + \beta ;$$

d'où, en éliminant i et r, il vient :

$$\alpha + n\beta = (n-1)\gamma.$$

En remplaçant les angles par leurs tangentes, IS étant considérée comme perpendiculaire à PR,

$$\frac{IS}{SP} + n\frac{IS}{SR} = (n-1)\frac{IS}{SC}, \quad \text{ou} \quad \frac{1}{SP} + \frac{n}{SR} = \left(\frac{n-1}{SC}\right).$$

Comptons les distances à partir de S, positivement dans le sens de propagation de la lumière et négativement en sens inverse, et désignons leurs *valeurs algébriques* par p, p_1 et R, la formule géométrique précédente devient :

$$-\frac{1}{p} + \frac{n}{p_1} = \frac{n-1}{R}, \quad \text{ou} \quad 1\left(\frac{1}{R} - \frac{1}{p}\right) = n\left(\frac{1}{R} - \frac{1}{p_1}\right), \text{ formule générale.}$$

Dioptre et lentilles.

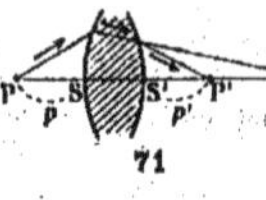
71

Lentilles. — Une lentille est un milieu de verre, séparé de deux autres milieux, l'air par exemple, par deux surfaces sphériques, l'une pouvant être plane. L'axe de la lentille est la ligne des centres des sphères. En supposant la lentille très mince, c'est-à-dire la distance SS' négligeable, on établit simplement que :

Formule. — *Si un point lumineux est pris sur l'axe, tous les rayons réfractés par la lentille convergent en un même point de cet axe appelé image ou foyer conjugué du point lumineux.*

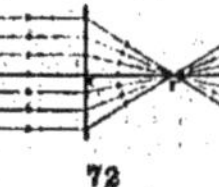
72

En effet, le dioptre constitué par l'air et le verre, séparés par la première surface de rayon R, donne : $1\left(\frac{1}{R}-\frac{1}{p}\right)=n\left(\frac{1}{R}-\frac{1}{p_1}\right)$; le dioptre constitué par le verre et l'air, séparés par la seconde surface de rayon R', donne : $n\left(\frac{1}{R'}-\frac{1}{p_1}\right)=1\left(\frac{1}{R'}-\frac{1}{p'}\right)$ en appelant p' la distance à la lentille du second rayon réfracté (71).

En éliminant p_1, il vient enfin :

$$\frac{1}{p'}-\frac{1}{p}=(n-1)\left(\frac{1}{R}-\frac{1}{R'}\right)=\frac{1}{f}, \text{ formule générale.}$$

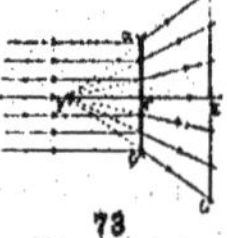
73

Deux classes de lentilles. — Il y a deux classes de lentilles : 1° si f est positif, c'est-à-dire $(n-1)\left(\frac{1}{R}-\frac{1}{R'}\right)$ positif, on voit qu'en faisant $p=-\infty$, c'est-à-dire en faisant tomber sur la lentille des rayons parallèles, on a $p'=f$, ce qui veut dire que les rayons réfractés convergent ou que la LENTILLE EST CONVERGENTE (72) ; 2° si f est négatif, les rayons réfractés divergent et la LENTILLE EST DIVERGENTE (73).

Mais il n'y a qu'une formule pour les lentilles, $\frac{1}{p'}-\frac{1}{p}=\frac{1}{f}$, f étant positif si la lentille est convergente, et négatif si la lentille est divergente.

Déplacement de l'image. — Si on déplace un point lumineux devant une lentille, son image se déplace en même temps, comme l'indique l'équation $\frac{1}{p'}=\frac{1}{f}+\frac{1}{p}$. On trouve pour une lentille convergente :

p variant de $-\infty$ à $-2f$ .... p' varie de f à $2f$.
p — de $-2f$ à $-f$ .... p' — de $2f$ à $+\infty$.
p — de $-f$ à 0 .... p' — de $-\infty$ à 0.
p — de 0 à $+\infty$ .... p' — de 0 à f.

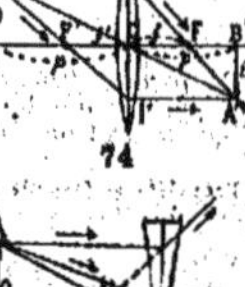
74

En résumé, quand le point lumineux parcourt tout l'axe de -0 à $+\infty$, l'image parcourt aussi tout l'axe en se déplaçant dans le même sens et ils se rencontrent une seule fois contre la lentille.

Images. — L'objet est une petite droite AB perpendiculaire à l'axe. L'expérience montre que l'image est une autre droite A'B' perpendiculaire à l'axe. Tout revient à trouver l'image de A (74). On peut employer : 1° le rayon parallèle à l'axe qui se réfracte à la distance f et passe au foyer principal F ; 2° le rayon passant en F qui se réfracte parallèlement à l'axe, et 3° le rayon passant au milieu O de la lentille qui continue sa route en ligne droite, puisque près de l'axe les deux faces de la lentille sont parallèles. Enfin, entre l'image I et l'objet O on a :

$$\frac{I}{O}=\frac{f}{p-f}=\frac{p'-f}{f}=-\frac{p'}{p}.$$

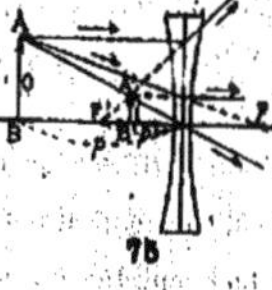
75

Si on appelait π et π' les distances avec leurs signes de l'objet et de l'image comptées à partir de F' pour l'objet et de F pour l'image, et si on désigne par f et f' les deux distances focales qui sont égales et de signes contraires, on a $\pi=p-f'$ et $\pi'=p-f$; par suite :

$$\frac{I}{O}=\frac{f}{\pi}=\frac{\pi'}{f} \quad \text{ou} \quad \pi\pi'=ff' \quad \text{ou} \quad \pi\pi'=-f^2 \qquad \text{(Newton).}$$

REMARQUE. — *L'image est réelle quand* p' *est positif, virtuelle si* p' *est négatif ; au contraire l'objet est réel pour* p *négatif, virtuel pour* p *positif.*

Pour une lentille divergente, les résultats sont analogues ; il suffit de considérer f comme négatif. De même, on construirait l'image d'un point A d'un objet en employant les mêmes rayons, et cette construction est indiquée par la figure 75.

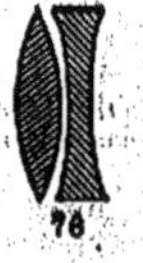
76

Aberrations des lentilles. — Si les courbures d'une lentille sont très prononcées, les rayons partis d'un même point ne convergent plus en un même point ; les images sont troubles et ce défaut s'appelle *aberration de sphéricité*.

Enfin, pour la même valeur de p, p' varie avec n ; chaque couleur de la lumière a un foyer différent. C'est l'*aberration de réfrangibilité*. On la corrige avec un système de deux lentilles, de nature différente, l'une convergente en crown, l'autre divergente en flint, et ce système est appelé *achromatique* (76).

Vision. — Instruments d'optique.

Vision. — L'organe essentiel de la vision est le globe de l'œil.

Anatomie de l'œil. — Première enveloppe externe opaque, *sclérotique*, transparente en avant et plus bombée, *cornée transparente*. — Deuxième membrane, *choroïde*, noire en arrière, en avant, elle forme l'iris et les muscles ciliaires. — Troisième membrane, la *rétine*, formée par l'épanouissement des fibres du nerf optique, fibres terminées par des cellules sensorielles à bâtonnet ou à cône. La tache jaune est une petite surface de la rétine située sur l'axe de l'œil et où abondent les cônes. — *Cristallin* en forme de lentille convergente — *humeur aqueuse* et *humeur vitrée*. Le globe de l'œil se comporte comme une chambre photographique où la pupille sert de diaphragme, la rétine de plaque sensible et les milieux de l'œil servent d'objectif. Son centre optique est sur la deuxième face du cristallin et sa longueur focale est 15 millimètres.

Œil myope

Œil normal

Œil hypermétrope

77

Œil normal. — Un œil normal a sa rétine à 15^{mm} du cristallin; alors les objets situés à l'infini font leur image sur la tache jaune et sont perçus. Mais cet œil peut encore voir nettement jusqu'à une distance voisine de 20^{c}, parce que les muscles ciliaires font bomber la face antérieure du cristallin, pour diminuer sa distance focale. C'est le mécanisme de l'*accommodation*.

Œil myope. — Un œil myope a encore une distance focale de 15^{mm}, mais la rétine est en arrière de ce foyer. L'axe de l'œil est trop long et il ne peut voir nettement qu'entre 1^{m} et 8^{c} par exemple.

En plaçant devant cet œil un verre divergent de 1^{m} de distance focale, il verra les objets à l'infini sans accommodation, et avec accommodation il verra jusqu'à une distance un peu supérieure à 8^{c} (77).

Œil hypermétrope. — L'œil hypermétrope a un axe trop court, son système optique n'est pas assez convergent pour sa longueur. On y remédie par l'emploi d'une lentille convergente convenable.

Œil presbyte. — Le presbyte a perdu la faculté d'accommodation pour les courtes distances, pour lire par exemple; il y remédie, dans ce cas, par l'emploi d'un verre convergent.

Autres défauts. — Comme autres défauts de l'œil, il peut ne pas être symétrique autour de son axe, c'est ce qui produit l'*astigmatisme*; il peut encore ne pas voir certaines couleurs, c'est le *daltonisme*.

78

La durée des impressions lumineuses est d'environ $\frac{1}{10}$ de seconde, ce qui permet d'expliquer l'effet produit par le disque de Newton et le cinématographe.

On peut dire enfin que les deux images d'un même objet dans les deux yeux ne sont pas absolument semblables; de ces deux impressions simultanées résulte le relief. On le démontre avec le stéréoscope.

Instruments d'optique. — Définition. — Les instruments d'optique sont des assemblages de lentilles et de miroirs destinés à fournir des objets une image vue sous un diamètre apparent plus grand, de façon à mieux distinguer les détails de ces objets.

Lanterne de projection. — Avec cet appareil on projette sur un écran une image très agrandie d'un dessin sur verre, ou d'une épreuve positive. On concentre sur l'épreuve I, au moyen d'une lentille C et d'un miroir M, la lumière d'un arc électrique S, de sorte que le dessin fortement éclairé se comporte comme un objet par rapport à une autre lentille mobile O. En disposant cette dernière convenablement par rapport à l'objet, on obtient une image réelle, très grande sur un écran fixe (78).

Loupe. — *Définition.* — La loupe donne d'un objet très petit une image virtuelle, vue sous un diamètre apparent plus grand que celui de l'objet.

Elle se compose d'une simple lentille convergente, et l'objet AB est placé entre la lentille et son foyer, mais près de ce foyer. La construction connue montre que l'image A'B' est alors virtuelle et plus grande que l'objet (79). On s'arrange d'ailleurs de façon à voir cette image au minimum Δ de la vision distincte.

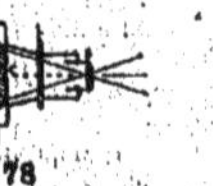

79

Loupe. — Grossissement. — C'est le rapport des angles ω' et ω sous lesquels on voit l'image et l'objet. L'objet très petit, vu à l'œil nu, est regardé au minimum Δ de la vision distincte comme l'image à travers la loupe, et, si ces deux angles sont petits, on peut les mesurer par $\frac{A'B'}{\Delta}$ et $\frac{AB}{\Delta}$, de sorte que $\frac{\omega'}{\omega} = \frac{A'B'}{AB}$ (79). On aura donc :

$$G = \frac{A'B'}{AB} = \frac{A'B'}{IO} = \frac{FB'}{FO}.$$

Vision. — Instruments d'optique.

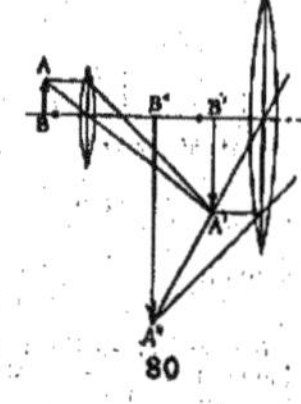

80

Si l'œil est à une distance z de la loupe en E, on a $EB' = \Delta$, et

$$G = \frac{FB'}{FO} = \frac{\Delta - z + f}{f} = 1 + \frac{\Delta - z}{f}.$$

Si l'œil est en F, on a dans ce cas $z = f$ et $G = \frac{\Delta}{f}$. *C'est le cas normal.*

Puissance, dioptrie. — On appelle puissance de la loupe l'angle sous lequel elle permet de voir un objet de 1mm. L'image de cet objet aura pour grandeur $\frac{\Delta}{f}$ millimètres et elle sera vue sous l'angle $\frac{\Delta}{f}$: $\Delta = \frac{1}{f}$. Cette puissance se mesure en *dioptries*, f étant exprimé en mètres. Par exemple si $f = \frac{1}{10}$ de mètre, la puissance de la lentille ou de la loupe est 10 dioptries.

Microscope. — Définition. — Même définition que pour la loupe.

Image et grossissement. — L'instrument comprend un objectif à court foyer qui donne de l'objet très petit AB une image réelle et très grossie A'B', puis une loupe qui donne de A'B' une nouvelle image A"B" virtuelle encore agrandie (80).

Pour les mêmes raisons que pour la loupe, le grossissement $G = \frac{A''B''}{AB} = \frac{A''B''}{A'B'} \times \frac{A'B'}{AB} = g' \times g$ produit des grossissements de l'objectif et de l'oculaire. Si f est la distance focale de la loupe, f' celle de l'objectif, d la distance des deux lentilles, on voit que $g = \frac{\Delta}{f}$, que $g' = \frac{d - f}{f'}$ sensiblement, parce que f' est très petit, par suite $G = \frac{\Delta(d - f)}{ff'}$; de même la puissance sera $\frac{d - f}{ff'}$.

Pour mesurer le grossissement on remplace l'objet AB par un micromètre M au centième de millimètre, et, à l'aide d'une chambre claire, on tâche de voir avec la même netteté l'image du micromètre et l'image d'une règle R divisée en millimètres. Si n divisions du micromètre couvrent m divisions de la règle, on a (81) :

$$\frac{n}{100} \times G = m, \quad \text{d'où} \quad G = \frac{100 \times m}{n}.$$

G étant ainsi connu, on aura les dimensions d'un objet très petit en projetant son image sur la règle au moyen de la chambre claire (82).

81

82

Installation. — L'objectif et l'oculaire sont portés aux extrémités d'un tube fixé à un support vertical. La mise au point s'obtient en déplaçant l'instrument tout entier par rapport à l'objet fixe, et l'image est rendue très distincte en concentrant la lumière du jour sur l'objet à l'aide d'un miroir concave.

Détails. — L'oculaire est une loupe composée ; l'objectif est formé de trois lentilles convergentes achromatiques. — Enfin, un diaphragme limite le champ et le rend uniformément éclairé. — On peut ajouter encore qu'avec une chambre claire on peut dessiner les images vues dans l'instrument, et même, en reculant l'oculaire, on peut les photographier. Avec deux tubes convenablement écartés et visant le même objet, on peut avoir la sensation du relief.

Lunette astronomique. — Définition. — La lunette astronomique donne des objets très éloignés des images virtuelles, vues sous un diamètre apparent plus grand que celui de l'objet, et qui par conséquent paraissent grossies.

Image et grossissement. — La lunette se compose d'un objectif à large surface et à grande distance focale F et d'une loupe de distance focale f. En appelant toujours AB l'objet, non figuré parce qu'il est très éloigné, les rayons partis de l'extrémité A en dehors de l'axe, et qui tombent dans l'objectif, sont sensiblement parallèles entre eux et à la droite qui joint AO ; comme d'ailleurs ils se concentrent dans le plan focal de l'objectif, l'image A' de A sera au point de rencontre de AO avec ce plan focal. — L'image A'B' ainsi obtenue est très petite, mais elle est grossie par la loupe, et l'image définitive est A"B", virtuelle et renversée (83).

83

Vision. — Instruments d'optique.

Le grossissement est le rapport $\frac{\alpha'}{\alpha}$ des angles sous lesquels l'œil voit l'image et l'objet. L'œil est sensiblement au foyer de la loupe et la distance de A"B" à l'œil est Δ minimum de la vision distincte, donc $\alpha' = \frac{A''B''}{\Delta}$ et $\alpha = \frac{A'B'}{F}$; par suite, $G = \frac{F}{\Delta} \times \frac{A''B''}{A'B'}$. Ce dernier rapport est le grossissement de la loupe qui vaut $\frac{\Delta}{f}$, on a donc finalement :

$$G = \frac{F}{\Delta} \times \frac{\Delta}{f} = \frac{F}{f}.$$

En supposant $F = 10^m$ et $f = 1^c$, G vaut $\frac{1000}{1} = 1000$, et il y a des lunettes encore plus puissantes.

Installation et détails. L'objectif et l'oculaire sont portés aux extrémités d'un tube de cuivre, mais l'oculaire doit être mobile dans un tube à tirage pour la mise au point suivant la distance de l'objet. Le tube est fixé à un support qui lui permet de se déplacer dans tous les sens. Dans les observatoires, les grandes lunettes peuvent tourner autour de l'axe du monde en faisant un tour en 24 heures, sous l'action d'un mouvement d'horlogerie ; elles suivent ainsi les astres dans le ciel.

L'objectif est large pour recevoir beaucoup de lumière, et à longue distance focale pour augmenter le grossissement. L'oculaire est une loupe composée ayant pour but d'augmenter le champ qui est toujours très petit. Si cet oculaire porte dans son plan focal un diaphragme muni d'une croisée de fils, cette croisée et le centre optique O de l'objectif déterminent une ligne qui est l'*axe optique* de la lunette ; dans ces conditions une petite lunette mobile au centre d'un cercle divisé permet de mesurer des angles sur le terrain.

Lunette de Galilée. — Définition. — La lunette de Galilée est une lunette terrestre, parce qu'elle donne d'objets éloignés des images virtuelles et *droites* qui, vues sous un grand diamètre apparent, paraissent grosses.

Image et grossissement. — Cette lunette se compose d'un objectif O qui donnerait de l'objet une image réelle A'B' dans son plan focal, mais cette image ne se forme pas, les rayons rencontrent avant leur concentration l'oculaire, qui est une simple lentille divergente de distance focale f, et si la distance de A'B' à l'oculaire est plus grande que f, on obtient en définitive une image A"B" virtuelle et droite (84).

Comme précédemment, $G = \frac{\alpha'}{\alpha}$. Or, ici, l'œil est contre l'oculaire, en O', et $\alpha' = \frac{A''B''}{O'B''} = \frac{A'B'}{O'B'}$. D'autre part $\alpha = \frac{A'B'}{F}$. Donc :

$$G = \frac{F}{O'B'} = \text{sensiblement } \frac{F}{f}.$$

84

Détails. — Les deux lentilles sont portées aux extrémités d'un tube, et l'oculaire se déplace encore dans un tube à tirage pour la mise au point. On associe deux lunettes semblables, une pour chaque œil, la même vis déplaçant les deux oculaires, et le système porte le nom de *jumelles*.

Vitesse de la lumière. — Méthode de Fizeau.

Vitesse de la lumière. — Le principe de la méthode de Fizeau est très simple, et elle est susceptible d'une grande précision. — Supposons que les axes optiques de deux lunettes astronomiques situées à une distance d connue soient dans le prolongement l'un de l'autre, et qu'un point lumineux soit placé au foyer f de la première. Les rayons s'échapperont parallèlement à l'axe, traverseront l'objectif O' de la seconde et se concentreront à son foyer f'. Si en ce point se trouve un petit miroir plan perpendiculaire à l'axe optique, les rayons seront réfléchis, traverseront de nouveau les objectifs O' et O et se concentreront en f. La lumière était fournie par une lampe L, concentrée par une lentille l, et réfléchie par une glace sans tain en f, de sorte qu'avec un oculaire isolé o on pouvait voir les rayons à leur retour produire un point brillant en f. En ce point f passait le contour d'une roue dentée portant 720 dents et 720 creux de même largeur, de sorte que, si on faisait tourner la roue avec une vitesse croissante, les rayons qui avaient pu s'échapper

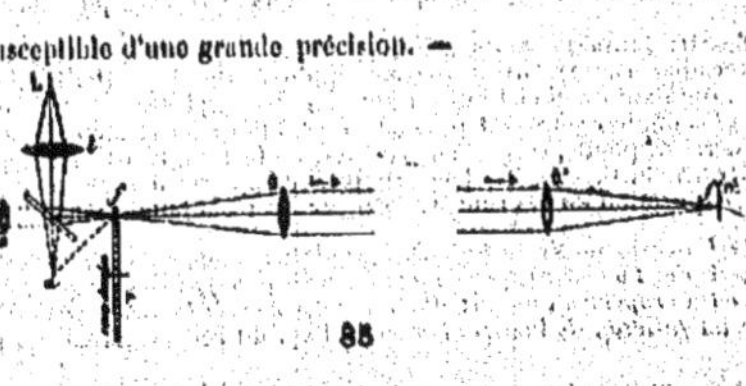
85

de O en O', en passant par un creux, pouvaient trouver une dent à leur retour, et à l'oculaire on voyait la lumière disparaître. En faisant tourner la roue deux fois plus vite, un creux se substituait à un autre creux dans le temps que met la lumière à faire l'aller et le retour, et le point f prenait un maximum d'éclat; pour une vitesse triple il y avait nouvelle éclipse, et ainsi de suite (85). Supposons qu'on observe la deuxième éclipse et que la roue fasse n tours à la seconde, le temps qu'elle emploie à substituer la deuxième dent au premier creux est $\frac{3}{n.2.720}$ de seconde; le chemin parcouru est $2d$ et, si V est la vitesse cherchée, on a :

$$\frac{3}{2.n.720} = \frac{2d}{V}.$$

Fizeau trouva, pour $d = 8633^{m}$, le nombre $V = 315364$ kilomètres. Cornu, en perfectionnant la méthode, trouva 298500 kilomètres, et récemment M. Perrotin, à Nice, a trouvé 299900 kilomètres. On admet 300000^{km} ou 3×10^{10} cent.

Dispersion. — Spectre solaire. — Raies noires et spectres d'absorption.

Dispersion. — Définition. — Quand une lumière non homogène, la lumière blanche par exemple, traverse un prisme, chaque lumière colorée éprouve une déviation différente. La lumière est à la fois déviée et décomposée, et il y a dispersion.

Expériences de Newton. — Newton, en faisant passer un faisceau solaire sur un prisme, obtint une image allongée avec sept couleurs principales dans l'ordre de déviation : rouge, orangé, jaune, vert, bleu, indigo et violet. Il pensa immédiatement que ces lumières colorées devaient être mélangées dans la lumière solaire et que le prisme les avait séparées en les déviant inégalement. Aussi il montra : 1° que les lumières de diverses couleurs sont inégalement déviées par le prisme, et 2° que la superposition des lumières du spectre reproduit la lumière blanche.

86

Pour montrer l'inégale déviation des rayons colorés, on produit un spectre sur un écran; on perce l'écran d'un petit trou pour laisser passer des rayons jaunes qui, traversant un second prisme, donnent une image jaune j sur un nouvel écran. Ensuite on tourne légèrement le premier prisme pour relever le spectre et faire passer par le trou un rayon bleu; celui-ci suit la même route que le jaune en tombant sur le second prisme, mais l'expérience montre qu'il est plus dévié en b (86).

Pour rassembler les couleurs du spectre, on peut opérer : 1° avec deux prismes égaux tournés en sens inverse (87); 2° avec le disque de Newton; 3° avec une lentille achromatique et c'est la meilleure expérience. Les rayons solaires partant d'une fente étroite S sortent du prisme, et, si l'œil les recevait, il verrait un spectre virtuel $r'v'$. Si les rayons colorés rencontrent une lentille achromatique, elle les concentre en un spectre réel rv et les rayons continuant leur route se croisent tous en une certaine région E où la lumière est absolument blanche (88).

Spectre solaire. — Nous remarquons d'abord que le spectre solaire comprend une foule d'autres radiations invisibles. En le produisant avec un prisme de sel gemme et l'étudiant avec une pile thermo-électrique linéaire, on constate l'existence d'une infinité de radiations invisibles moins réfrangibles que le rouge et appelées *infra-rouges*; d'autre part, en le produisant avec un prisme de quartz et le projetant sur un papier sensible, l'impression s'étend bien au delà du violet; de là l'existence des radiations chimiques ou *ultra-violettes*. Toutes ces radiations sont de même nature, mais ne diffèrent que par la rapidité de leurs vibrations ou par leur longueur d'onde, comme nous le verrons plus tard.

87

Spectre lumineux. Raies noires. — Dans le spectre lumineux les couleurs sont en nombre infini et caractérisées par un indice déterminé par rapport au prisme employé. De plus, si la lumière solaire pénétrant par une fente très étroite tombe sur le prisme au minimum de déviation, on aura en rv un spectre réel net en toutes ses parties et, en l'examinant avec une loupe, on constate que les lumières ne sont pas continues. Elles sont séparées par une multitude de raies noires, parallèles à l'arête du prisme, rares en certains points, serrées en d'autres, de façon à constituer des faisceaux dont la position est invariable. On les a désignés par les lettres A, B, C, D..., H, et le groupe D comprend deux raies très fines dans le jaune.

L'explication de ces raies repose sur les trois faits suivants :

1° *Un corps solide ou liquide incandescent donne un spectre dépourvu de raies noires;*
2° *Un gaz ou une vapeur incandescents donnent comme spectre quelques raies colorées et brillantes;*
3° *Une vapeur ou un gaz absorbent les mêmes lumières que celles qu'ils produisent à l'état d'incandescence quand ils sont traversés par un faisceau de lumière blanche.* (Exp. du renversement des raies.)

88

Optique.

Dispersion. — Spectre solaire. — Raies noires et spectres d'absorption.

D'après cela, la photosphère du soleil constituée par des corps solides ou liquides incandescents donnerait à travers un prisme un spectre continu, mais les rayons traversent l'atmosphère de vapeurs qui entoure le soleil, et celle-ci absorbe une partie des rayons. Donc si on trouve dans le spectre deux raies noires occupant la même place que les deux raies jaunes brillantes que donne la vapeur de sodium incandescente, on en conclura que cette vapeur existe dans l'atmosphère solaire.

C'est par des études de ce genre qu'on a reconnu dans le soleil la présence de l'hydrogène, de l'hélium, du sodium, du magnésium, de l'aluminium, du calcium, du fer, etc. On constate aussi des raies noires provenant de l'absorption de l'oxygène et de la vapeur d'eau de notre atmosphère. Les planètes réfléchissent la lumière solaire; les étoiles donnent des spectres propres différents de celui du soleil; les nébuleuses non résolubles donnent des raies brillantes parce qu'elles sont formées de vapeurs incandescentes.

Analyse spectrale. — Si devant la fente S on place un brûleur Bunsen à flamme obscure, et que dans cette flamme on introduise un métal volatil ou un de ses composés, les raies brillantes de sa vapeur apparaîtront. Si on observe ainsi des raies nouvelles, on conclura à la présence d'un métal nouveau. Cette méthode d'analyse, d'une sensibilité extrême, a fait découvrir le cæsium, le rubidium, le thallium, l'indium, le gallium, etc.

Absorption de la lumière. — Nous avons dit que les vapeurs métalliques absorbent les mêmes lumières que celles qu'elles produisent à l'état d'incandescence, mais le phénomène est plus général. Ainsi en interposant sur le faisceau solaire qui traverse le prisme de l'eau rougie par du sang artériel, ou une dissolution de chlorophylle, on voit dans le spectre des bandes noires d'absorption. Les vapeurs d'iode, de peroxyde d'azote en produisent un grand nombre qui sillonnent tout le spectre. Un milieu coloré, un verre rouge, par exemple, peut ne laisser passer que de la lumière rouge et absorber les autres lumières. Les milieux incolores mêmes sont absorbants. Le verre absorbe les radiations calorifiques et chimiques; l'eau, sous une épaisseur suffisante, absorbe toutes les lumières.

Couleur des corps. — Si le milieu est opaque, une partie de la lumière est absorbée et l'autre diffusée; l'absorption variant avec la couleur, les proportions de lumière diffusées ne restent plus les mêmes que dans la lumière blanche, de sorte que la lumière diffusée est colorée, ce qui explique la couleur des corps. Si un corps paraît blanc, c'est qu'il diffuse à peu près également toutes les couleurs; s'il paraît rouge, c'est qu'il diffuse plus abondamment la lumière rouge. Mais la couleur d'un corps dépend spécialement de la couleur de la lumière qui l'éclaire. Si on éclaire une étoffe rouge avec de la lumière verte, l'étoffe paraît noire. Si l'on promène un bouquet de fleurs dans le spectre, les teintes des fleurs seront modifiées suivant les couleurs qu'elles reçoivent.

Photographie.

Photographie. — La photographie a pour but de fixer et de reproduire les images des objets que la lumière forme dans la chambre noire. Supposons qu'avec une chambre noire munie d'un objectif et d'un fond translucide mobile on ait obtenu sur ce fond une image bien nette d'un objet; substituons alors à ce fond une plaque sensible de gélatino-bromure d'argent bien conservée dans l'obscurité. La lumière en agissant sur le sel lui imprime un certain ébranlement moléculaire qui lui donne la propriété de se décomposer rapidement en présence des matières réductrices, comme l'oxalate ferreux, l'acide pyrogallique, l'hydroquinone. Il se produit ainsi un précipité noir d'argent pulvérulent, et l'on fixe l'image en dissolvant le bromure non altéré par l'hyposulfite de sodium. Dans cette image *négative* ou *cliché*, les tons sont renversés; les blancs du sujet sont noirs et inversement les noirs sont transparents (89).

Plaçons ensuite sous ce cliché une feuille de papier sensibilisée au citrate d'argent par exemple; sous les parties transparentes le papier noircira, sous les parties opaques il restera blanc; ailleurs, il y aura des demi-teintes. Cette nouvelle image *positive* ou conforme à l'objet pourra être fixée en dissolvant encore le citrate d'argent non altéré par l'hyposulfite (90). Toutefois, l'image aurait une teinte désagréable et on la modifie en passant la feuille dans un bain au chlorure d'or avant le fixage. Il est utile de signaler la propriété curieuse qu'a la gélatine bichromatée de devenir insoluble dans l'eau quand elle a subi l'action de la lumière. C'est sur cette propriété que repose la production des images positives au charbon, images inaltérables. Ces images sont en relief, et si on prend une empreinte sur du plomb, et qu'on fasse ensuite une contre-empreinte galvanique, on obtient des planches en cuivre permettant de faire de nombreuses épreuves positives aux encres grasses.

Les agrandissements se font en projetant l'image d'un cliché sur un papier sensible au gélatino-bromure d'argent, et en le traitant ensuite comme un cliché ordinaire.

89

90

1. — Une lampe et une bougie sont distantes de 4^m et leurs intensités sont dans le rapport de 6 à 1. A quelle distance de la bougie doit-on placer un écran sur la droite qui joint les deux lumières pour qu'il soit également éclairé?

Rép. : $\frac{1}{x^2}=\frac{6}{(4-x)^2}$, deux solutions : $x'=1,16$; $x''=-2,76$.

2. — Deux sources placées en A et B ont des intensités dans le rapport $\frac{I}{I'}=\sqrt{3}$. Autour du milieu O de AB tourne une droite OC = OA à l'extrémité de laquelle est un petit écran blanc assujetti à rester perpendiculaire à AB. Trouver l'angle ω = COB, pour lequel les deux faces de l'écran sont également éclairées.

Rép. : $\operatorname{tg}\frac{\omega}{2}=\frac{1}{\sqrt{3}}$.

3. — Un miroir concave a un rayon de 8^m, et est dirigé vers le soleil. Calculer la grandeur de l'image du soleil qu'il donne dans son plan focal, sachant que le diamètre apparent du soleil est 32'.

Rép. : 39^{mm}.

4. — Un miroir concave de 2^m de rayon donne une image d'un objet perpendiculaire à l'axe. Trouver la position de l'objet, sachant que l'image est 4 fois plus grande, ou 4 fois plus petite que l'objet.

Rép. : $\frac{I}{O}=4=\pm\frac{f}{p-f}$, deux solutions; de même $\frac{I}{O}=\frac{1}{4}=\pm\frac{f}{p-f}$, deux solutions.

5. — Un rayon tombe sous une incidence de 60° sur une lame de verre à faces parallèles et de 5^c d'épaisseur. Calculer le déplacement latéral du rayon émergent, en supposant l'indice égal à 3/2.

Rép. : $2^c,7$.

6. — Un prisme ABC est rectangle en B et l'angle au sommet A vaut 30°. Quelle doit être l'incidence i d'un rayon tombant sur la première face AB, pour qu'il puisse sortir parallèlement à la base BC? L'indice du prisme est 3/2.

Rép. : $\sin i=\frac{1}{4}(\sqrt{8}-\sqrt{3})$.

7. — Un prisme ABC a un angle au sommet A = x et pour indice $\frac{\sqrt{5}}{2}$. Un rayon tombe sur la première face AB suivant l'incidence de 30°, et il sort du prisme perpendiculairement à la première face. Calculer la valeur de x.

Rép. : $x=90°$.

8. — Un prisme ABC a un angle au sommet de 3° et sa face AC est argentée. Un rayon homogène tombe sur la face AB dans une direction perpendiculaire à AC, et on demande quelle sera la déviation du rayon après s'être réfléchi sur AC et avoir retraversé la première face. L'indice est 3/2 et on appliquera la formule $i=nr$.

Rép. : $d=3°$. (*Paris*, 1910.)

9. — Un prisme a une de ses faces en contact avec l'air, l'autre avec de l'eau, et les indices du prisme et de l'eau sont $\frac{3}{2}$ et $\frac{4}{3}$. Etudier la marche d'un rayon et calculer les déviations de deux rayons incidents qui font avec la normale à la première face des angles de 3°, l'angle du prisme étant 4°. On appliquera la formule $i=nr$.

Rép. : $d=1°15'$; $d'=-15'$. (*Paris*, 1909.)

10. — On a un système de deux lentilles centrées et convergentes, de distances focales 3^c et 1^c placées à 2^c l'une de l'autre. Que valent les deux distances focales du système? L'appareil peut-il servir de loupe dans les deux sens? (*Lille*, 1909.)

11. — A $1^m,68$ d'un écran est une lentille convergente de 2^c de distance focale qui y projette l'image d'un objet. Entre la lentille et l'écran et à 16^c de la lentille on dispose une lentille divergente de 8^c de distance focale, et on déplace l'objet pour que son image se forme toujours sur l'écran. Calculer dans les deux cas le rapport $\frac{I}{O}$. (*Paris*, 1909.)

Rép. : $\frac{I}{O}=83$, $\frac{I}{O}=222$.

12. — Un système est formé de deux lentilles centrées, l'une convergente de distance focale f, l'autre divergente de distance focale $\frac{f}{2}$, et son centre optique est au foyer postérieur de la première. Quels sont les points de l'axe dont le système donne une image réelle? Que vaudrait $\frac{I}{O}$ pour une petite droite placée à la distance $4f$ de la lentille convergente? (*Paris*, 1908.)

13. — Un verre de montre en forme de calotte sphérique est rempli d'eau d'indice $\frac{4}{3}$ et forme une lentille convergente dont l'effet peut être annulé en plaçant devant l'œil et à 250^{mm} au-dessus du verre de montre un verre de myope de 8 dioptries. Quel est le rayon de courbure du verre de montre? (*Grenoble*, 1908.)

Rép. : $87^{mm},5$.

14. — Une lentille plan-convexe a une convergence de 10 dioptries, et en avant, du côté convexe, on place une droite lumineuse de 4^c de hauteur et à 20^c de distance. Quelle est la grandeur et la position de l'image? On argente la face plane; où se formera la nouvelle image. Indice du verre 3/2.

15. — Les limites de vision distincte pour un myope sont 80^c et 7^c. Avec quelle lentille doit-on corriger cette vue? Que deviendra le minimum de vision distincte?

16. — Un microscope a un objectif de 1^{mm} de foyer et un oculaire de 15^{mm} de foyer, et ils sont placés à 18^c l'un de l'autre. L'œil, étant au foyer postérieur de l'oculaire, voit l'image d'un objet à 15^c, que vaut le grossissement?

Rép. : 100.

17. — L'objectif et l'oculaire d'une lunette astronomique ont pour distances focales 3^m et 5^{cm}. On produit avec cette lunette l'image d'une planète sur un écran placé à $1^m,95$ de l'objectif et en arrière de l'oculaire. Quelle est alors la distance des verres? (*Nancy*, 1907.)

Rép. : $191^{cm},5$.

18. — L'objectif d'une lunette astronomique a 1^m de distance focale, et l'oculaire est disposé pour voir l'image d'un objet situé à 11^m de l'objectif. On voudrait, sans déplacer l'oculaire, voir des objets à l'infini, en intercalant entre l'objectif et l'oculaire une lentille située à 50^c de l'objectif. Quelle est la nature et la distance focale de cette lentille? (*Paris*, 1909.)

Rép. : $f=-3^m$.

19. — Contre l'objectif d'une lunette de 30^c de distance focale on applique une lentille convergente de diamètre moindre, de façon qu'avec cet objectif composé on peut voir simultanément à l'infini, et un objet placé à une distance de 15^c. De combien faudra-t-il déplacer l'oculaire pour voir nettement un autre objet placé à 14^c? (*Paris*, 1909.)

20. — Une lunette de Galilée a un objectif de 20^c de distance focale, un oculaire de 1^c de distance focale, et les verres sont disposés pour qu'un œil très presbyte voie à l'infini. Si un myope, dont le minimum de vision distincte est 8^c, veut voir un objet situé à 3^m, de combien devra-t-il déplacer l'oculaire?

Phénomènes fondamentaux. — Distribution. — Influence. — Électroscopes et électromètres.

Phénomènes fondamentaux. — Lorsqu'on frotte avec de la laine certains corps tenus à la main, verre, soufre, résine, ces corps acquièrent la propriété d'attirer les corps légers, barbes de plume, râpure de liège, etc. On dit alors qu'ils sont *électrisés*, et on appelle *électricité* la cause inconnue de cette attraction. Ces corps sont aussi des *isolants*, puisqu'ils retiennent l'électricité développée sur leur surface.

D'autres corps comme le bois, les métaux ne s'électrisent que s'ils sont isolés de la main par du verre ou de la résine, on dit qu'ils sont *bons conducteurs*, mais en somme tous les corps peuvent s'électriser, et ils sont bons ou mauvais conducteurs.

Avec l'expérience du *pendule électrique*, on peut reconnaître qu'il y a deux espèces d'électricités qu'on a désignées sous les noms de *positive* et de *négative*. D'autre part, si le corps frottant et le corps frotté sont tous deux isolés, ils s'électrisent tous deux, l'un positivement, l'autre négativement.

Théorie de Symmer. — Pour expliquer les phénomènes électriques on a adopté en France la théorie de Symmer. On suppose qu'un corps à l'état naturel contient des quantités indéfinies et équivalentes des deux électricités qui se neutralisent, et en frottant deux corps, le premier cède au second de la positive et le second cède au premier une quantité équivalente de négative, de sorte qu'en les séparant, l'un a un excès de positive, l'autre un excès de négative.

Loi de Coulomb. Unités de masse électrique. — *Deux corps électrisés de petites dimensions s'attirent ou se repoussent proportionnellement aux quantités d'électricité qu'ils contiennent et en raison inverse du carré de leur distance.*

Cette loi se traduit par $f = K\frac{mm'}{d^2}$. Si on choisit pour unité de masse électrique, celle qui agissant sur une masse égale, placée à 1 centimètre de distance, donne une répulsion égale à 1 dyne, alors $K = 1$ et la formule se réduit à $f = \frac{mm'}{d^2}$, f exprimant des dynes. Pratiquement, on a adopté une unité beaucoup plus grande appelée *coulomb*; le coulomb vaut 3×10^9 unités précédentes.

Distribution. Pouvoir des pointes. — L'électricité réside uniquement à la surface des corps. On le prouve par une série d'expériences :

1° Avec un plan d'épreuve et une sphère creuse, ou mieux avec le vase de Faraday (91);
2° Avec une sphère pouvant être enfermée dans deux hémisphères isolés (92);
3° Avec une cage d'oiseau munie de pendules intérieurs et extérieurs, etc.

Si la surface du plan d'épreuve est 1 centimètre carré, la quantité d'électricité ou la charge q enlevée en un point mesure la densité électrique en ce point. On constate que cette densité est variable en général aux divers points de la surface du corps électrisé, et, en supposant que l'électricité prenne une épaisseur variable, on trouve :

1° Que sur une sphère la couche électrique est uniforme;
2° Que sur un ellipsoïde cette couche est limitée par un second ellipsoïde semblable au premier (93);
3° Que sur un disque, l'électricité est abondante sur le pourtour du disque.

A l'extrémité d'une pointe la densité électrique est considérable et la répulsion des molécules électriques les unes sur les autres peut vaincre la résistance de l'air, de sorte que l'électricité s'échappe par la pointe. L'air environnant s'électrise, puis est repoussé, de là l'expérience de la bougie placée devant une pointe électrisée (94), et l'expérience du tourniquet électrique qui prouve la réaction exercée par l'air sur la pointe.

Phénomènes d'influence. — Nous supposerons que le corps électrisé est complètement entouré par le conducteur soumis à l'influence. Soit la sphère positive S entourée par l'enceinte A conductrice et isolée, nous constaterons les phénomènes suivants :

1° Sous l'influence de la source positive S, il se développe à l'intérieur de A de l'électricité négative et à l'extérieur de la positive en quantité évidemment équivalente (95);

2° Si l'on déplace S à l'intérieur de A, la distribution de l'électricité — change, mais la distribution de l'électricité + extérieure ne change pas, donc cette électricité est en équilibre comme si elle était seule. Si S touche A, l'électricité extérieure n'est en rien modifiée, ce qui veut dire que l'électricité + de S s'est intégralement recombinée avec l'électricité — intérieure de A ou que les quantités d'électricités développées par influence sont égales à la quantité que possède S;

3° Si à l'intérieur de A se trouve un autre conducteur, BC, l'action d'influence développe de l'électricité — en B et de l'électricité + en C, séparées par une ligne neutre *m*; en éloignant BC les quantités d'électricité diminuent, et, si BC touche A, BC et A ne forment plus qu'un conducteur unique ne possédant plus que de l'électricité — à son intérieur, de sorte que BC ne possède plus que de l'électricité — et en quantité moindre que la charge de S.

Ces résultats se vérifient avec le vase de Faraday relié à un électroscope

91

92

93

94

95

Phénomènes fondamentaux. — Distribution. — Influence. — Électroscopes et électromètres.

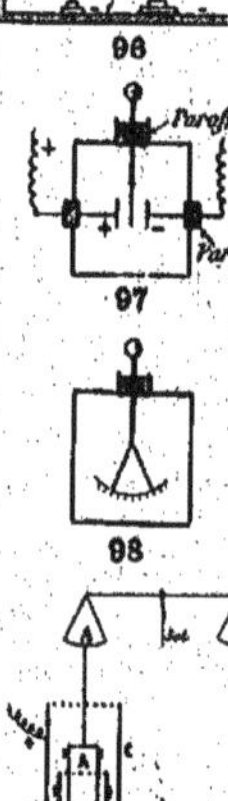

Phénomènes d'influence. — Lorsque dans une chambre, on approche un conducteur BC d'une sphère S électrisée, l'influence s'exerce à la fois sur la chambre et sur le conducteur, mais l'électricité extérieure à la chambre se perd dans le sol. Si on touche BC en un point quelconque, on le fait communiquer avec la chambre et il ne conserve que de l'électricité contraire à celle de S, de sorte qu'en supprimant la communication et éloignant BC, le cylindre reste électrisé contrairement à S (96).

Remarque. — Si en présence de l'enceinte A on dispose un pendule extérieur, ce pendule ne sera attiré que par l'électricité extérieure de A, et, si A communique au sol, le pendule reviendra au repos ne subissant aucune action de la part des électricités intérieures. Donc, une enceinte conductrice reliée au sol constitue un *écran électrique* aussi bien pour l'action à l'extérieur des électricités intérieures qu'elle contient que pour l'action à l'intérieur des électricités extérieures à elle.

Électroscopes. — L'électroscope sert à reconnaître la présence et la nature de l'électricité d'un corps. L'appareil de Bohnemberger n'a qu'une feuille d'or placée à égale distance de deux petits plateaux chargés de quantités d'électricité égales et contraires par une pile. Sous l'influence d'un corps extérieur électrisé, la feuille est repoussée par le plateau qui contient la même électricité que le corps (97).

Dans **l'appareil à deux feuilles d'or**, l'approche d'un corps électrisé fait diverger les feuilles. Pour reconnaître la nature de l'électricité, on charge d'abord l'appareil, positivement par exemple. Si, en approchant ensuite le corps électrisé *lentement et à distance*, les feuilles s'écartent davantage, le corps est chargé positivement ; si elles commencent par se rapprocher, il est chargé négativement (98).

Si on fait communiquer un électroscope à deux feuilles avec un vase de Faraday et qu'on introduise dans ce vase une boule électrisée de 1 centimètre de rayon, la boule après contact se désélectrise, et en recommençant deux, trois fois l'expérience en donnant à la boule la même charge, on pourra noter les écarts des feuilles sur un arc gradué et l'instrument devient un électromètre.

Remarque. — Si on fait communiquer un vase de Faraday à un électroscope gradué et qu'on descende dans ce vase des sphères ayant des charges $+m$, $+m'$, $-m''$, etc., la divergence des feuilles indiquera une charge $m + m' - m''$. Si les sphères se touchent ou sont frottées l'une contre l'autre, la charge totale reste la même ; la divergence ne changera que si on introduit une charge nouvelle ou si on en retire l'une d'elles.

Électromètres. — Les électromètres sont des appareils qui servent à mesurer le potentiel des corps, de sorte que, si on connaît leur capacité, on connaît par là même leur charge.

Un des plus simples est celui de MM. Bichat et Blondlot. Il se compose de trois cylindres, l'un C ouvert et relié au corps électrisé, les deux autres A et B reliés au sol ; le cylindre intérieur A étant relié à une balance et maintenu en équilibre de façon à plonger de moitié dans B. Par influence A et B s'électrisent et se repoussent, et on les maintient à la même distance par une surcharge convenable p ajoutée dans la balance. La distance des cylindres A et B restant la même, la force répulsive qui s'exerce entre eux est proportionnelle à leurs charges, charges qui sont elles-mêmes proportionnelles à la charge de C ou à son potentiel V.

On a donc $p = mg = KV^2$. La comparaison de deux potentiels donnera $\frac{V}{V'} = \sqrt{\frac{m}{m'}}$, mais, si on détermine la constante K, l'appareil pourra donner pour V des mesures absolues (99).

Potentiel et capacité électriques. — Unités pratiques. Énergie électrique.

Définition expérimentale du potentiel. — Si on fait communiquer un corps électrisé par un fil long et fin avec un électromètre gradué ou même avec un électroscope à deux feuilles d'or, on constate que, quel que soit le point touché, fût-il même à l'intérieur, la divergence des feuilles est constante. Cette divergence caractérise l'état électrique du corps qu'on nomme son *potentiel*. Si la charge du corps double, la divergence double ; en un mot le potentiel est proportionnel à la charge du corps. Le sol, qui ne donne pas de divergence, est dit au potentiel zéro ; les potentiels sont positifs si la divergence des feuilles est produite par de l'électricité positive, négatifs si elle est produite par de l'électricité négative.

Si le corps considéré est soumis à l'influence d'une source positive, quel que soit le point touché, le potentiel est positif comme celui de la source, et, s'il a été mis en communication avec le sol, le potentiel est 0, quoiqu'il ait conservé de l'électricité négative. Quant au potentiel de la source, il est moindre en présence du corps influencé.

Électricité.

Potentiel et capacité électriques. — Unités pratiques. Énergie électrique.

Mesure d'un potentiel. — Unité théorique de potentiel. — *C'est celui d'une sphère de 1 centimètre de rayon et possédant l'unité de charge.*

Pour mesurer un potentiel on fait communiquer le corps électrisé par un fil long et fin avec une boule isolée de 1 centimètre de rayon, la boule prend le même potentiel que le corps sans diminuer sensiblement sa charge, et il suffit alors de mesurer la charge de la boule avec l'électromètre à feuilles d'or relié au vase de Faraday.

Force électromotrice. — Supposons qu'on ait ainsi mesuré des potentiels V et V' sur deux corps électrisés, puis qu'on les fasse communiquer par un fil long et fin ; ils prendront un potentiel intermédiaire commun et de l'électricité positive passera du corps qui a le plus fort potentiel sur l'autre. Cette différence de potentiel, cause de ce mouvement, s'appelle *force électromotrice.*

Capacité électrique. La charge d'un corps étant proportionnelle à son potentiel, on a $M = CV$. Si l'on fait $V = 1$, il vient $C = M$; donc la constante C, appelée *capacité électrique* du corps, est la charge qui le porte au potentiel 1. En particulier, la petite sphère de 1 centimètre de rayon a l'unité de capacité. D'autre part, si à des sphères de rayons R, $2R$... on communique une même charge M, leurs potentiels varieront en sens inverse de leurs rayons, donc on peut écrire $V = K\frac{M}{R}$. D'ailleurs, si on fait $M = 1$ et $R = 1$, on doit avoir $V = 1$, par suite $K = 1$ et on a simplement $V = \frac{M}{R}$ ou $M = RV$. *Pour une sphère*, la capacité est mesurée par la valeur de son rayon en centimètres.

La capacité C d'un corps quelconque est toujours égale à celle d'une sphère d'un rayon convenable, de sorte que la capacité est mesurée par une longueur, l'unité de capacité étant le centimètre. Pour évaluer ainsi la capacité C d'un corps possédant une charge M et un potentiel V, faisons communiquer le corps avec une sphère de rayon R ; le corps et la sphère prendront un potentiel commun V', et on aura :

$$M = CV = (C + R)V', \quad \text{d'où} \quad C = R\frac{V'}{V - V'}.$$

Unités pratiques. — Pour les mesures relatives aux courants, on a été conduit à choisir des unités pratiques qui sont :

1° Le *coulomb* ou unité de masse et qui vaut 3×10^9 unités théoriques précédentes ;

2° Le *volt* ou unité de potentiel et qui vaut $\frac{1}{300}$ de l'unité précédente ;

3° Le *farad* ou unité de capacité et qui vaut $\frac{1 \text{ coulomb}}{1 \text{ volt}} = \frac{3 \times 10^9}{\frac{1}{300}} = 3^2 \times 10^{11}$ centimètres. Cette unité étant très grande, on adopte le *microfarad* qui vaut $3^2 \times 10^5$ centimètres ou 9 kilomètres.

Énergie électrique. — Lorsqu'un poids P tombe d'une hauteur h, l'énergie développée est Ph, et ce produit désigne des ergs ou des kilogrammètres, suivant les unités adoptées pour mesurer P et h. — De même, si une masse électrique M éprouve une chute de potentiel V, l'énergie sera représentée par MV, et ce produit représentera des joules si l'on choisit l'unité de potentiel telle qu'un coulomb tombant de cette unité produise un joule. Cette unité est précisément le volt défini ci-dessus.

Quand un corps électrisé, possédant une charge de M coulombs au potentiel de V volts, est mis en relation avec le sol par un conducteur, son potentiel décroît régulièrement de V à 0, et tout se passe comme si sa charge M subissait la variation moyenne de potentiel $\frac{V}{2}$. L'énergie développée sera donc $M\frac{V}{2}$ ou $\frac{1}{2}MV$, et, puisque $M = CV$, elle vaudra aussi $\frac{1}{2}CV^2$. On la représente par W.

$$W = \frac{1}{2}MV = \frac{1}{2}CV^2.$$

Pour les applications, il faut bien savoir que W joules valent $\frac{W}{9,81}$ kilogrammètres, ou encore $\frac{W}{4,17}$ petites calories.

Potentiel et capacité électriques. — Unités pratiques. Énergie électrique.

Analogies avec l'hydrodynamique. — Tous les phénomènes précédents sont analogues à des phénomènes bien connus d'hydrodynamique. Ainsi la masse d'eau contenue dans un vase est proportionnelle à l'élévation de son niveau au-dessus du fond ; on peut obtenir ce niveau en faisant communiquer un point quelconque du vase au moyen d'un tube de caoutchouc à un petit tube de verre où l'eau prend la même hauteur que dans le vase. Si deux vases contenant de l'eau sont à des niveaux différents et qu'on les réunisse par un tube de communication, de l'eau coule du vase supérieur vers l'autre, et il s'établit un niveau intermédiaire commun. Le volume de l'eau d'un vase cylindrique est $V = SH$, S joue ici le rôle de la capacité électrique. Enfin, quand un vase contenant M kilog. d'eau, à un niveau H dans ce vase, se vide par sa partie inférieure supposée au niveau du sol, le travail accompli est $M\frac{h}{2} = \frac{1}{2}Mh$.

Condensateurs. — Étincelle. — Ses effets.

100

Condensateur. — Un condensateur est un système de corps disposés de façon à augmenter la capacité de l'un d'eux. La théorie est simple avec le condensateur sphérique formé de deux sphères concentriques A et B, l'une A, reliée à une machine au potentiel V et appelée *collecteur*, l'autre B reliée au sol et nommée *condenseur*. La sphère A, si elle était seule, prendrait une charge $M = RV$; mais si on supprime la communication avec la machine, et qu'on l'entoure de la sphère B, celle-ci prend une charge $-M$ à l'intérieur de sa surface, et le potentiel de A devient $\frac{M}{R} - \frac{M}{R'}$, c'est-à-dire voisin de 0. En rétablissant la communication, A reprendra le potentiel V de la machine, mais recevra une charge M' très grande, telle que l'on ait $V = \frac{M'}{R} - \frac{M'}{R'}$ (100).

De là on déduit $M' = V\frac{RR'}{R' - R}$. On voit donc que la nouvelle capacité de A est $\frac{RR'}{R' - R} = \frac{RR'}{e}$. Elle a été augmentée dans le rapport $\frac{R'}{e}$, rapport nommé *force condensante*.

Si $R' - R$, c'est-à-dire e est très petit, on a sensiblement $\frac{RR'}{e} = \frac{R^2}{e} = \frac{4\pi R^2}{4\pi e} = \frac{S}{4\pi e}$. Cette nouvelle expression de la capacité convient à la bouteille de Leyde, où l'armature extérieure enveloppe l'armature intérieure ; elle convient même à un condensateur plan, pourvu que la surface S des plateaux soit très grande par rapport à e. Si la matière isolante est un diélectrique de pouvoir inducteur K, la capacité devient $K\frac{S}{4\pi e}$.

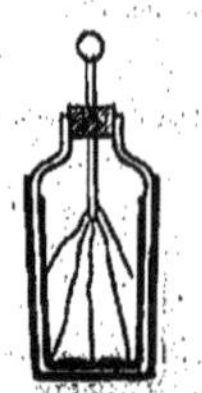
101

Décharge brusque. — On fait communiquer les deux armatures par un conducteur ; une étincelle se produit et les armatures se désélectrisent entièrement.

Décharge lente. — Si l'on isole le condensateur et qu'on touche avec le doigt successivement les armatures A et B, on leur enlève des quantités décroissantes d'électricités positive et négative et le phénomène peut durer longtemps. Enfin, si un condensateur à lame isolante de verre reste chargé quelque temps, une décharge brusque ne désélectrise plus entièrement les armatures ; on peut avec l'excitateur obtenir de nouvelles étincelles appelées *décharges résiduelles*.

Énergie du condensateur. — 1° Si l'on donne les rayons des sphères R et R' en centimètres, la capacité en farads vaut $\frac{RR'}{e} \times \frac{1}{3^2 \times 10^{11}}$ et l'énergie en joules est $\frac{1}{2} \cdot \frac{RR'}{e} \cdot \frac{V^2}{3^2 \times 10^{11}}$.

2° Si on donne la surface S du collecteur en centimètres carrés, l'énergie sera $\frac{1}{2} \cdot \frac{S}{4\pi e} \cdot \frac{V^2}{3^2 \times 10^{11}}$.

3° Si la capacité donnée est $\frac{1}{20}$ de microfarad, l'énergie est $\frac{1}{2} \cdot \frac{1}{20} \times \frac{1}{10^6}V^2$.

Bouteille de Leyde. Batterie. — La bouteille de Leyde est constituée par un flacon à large goulot dont les parois intérieures et extérieures sont recouvertes par une feuille d'étain. Une tige à chaîne fait communiquer l'armature intérieure avec une machine (101). Si le flacon a de grandes dimensions, l'appareil se nomme *jarre*, et la réunion de plusieurs jarres est une batterie. Si n jarres sont accouplées et si C est la capacité de l'une d'elles, l'énergie de la batterie est $\frac{1}{2}nCV^2$ joules.

102

Condensateurs. — Étincelle. — Ses effets.

Électroscope condensateur. — Si on fait communiquer la boule d'un électroscope avec une source électrique à faible potentiel (quelques volts), les feuilles ne divergent pas. Mais, si on surmonte la boule d'un condensateur formé de deux plateaux A et B vernis sur leur face en regard, on pourra charger le condensateur en faisant communiquer A avec la source et B avec le sol (102). Ensuite on supprime les communications et on soulève B : si A a pris ainsi une charge 300 fois plus forte, son potentiel devient aussi 300 fois plus grand, et les feuilles divergent. On peut ainsi reconnaître l'existence de sources électriques faibles.

103

Effets de l'étincelle. — L'étincelle résulte toujours de la recombinaison de deux quantités équivalentes d'électricités contraires. Elle peut produire :

1° *Des effets physiologiques* (commotions ou contractions musculaires plus ou moins douloureuses);
2° *Des effets mécaniques* (perce-carte, perce-verre);
3° *Des effets calorifiques* (incandescence de fils métalliques; — portrait de Franklin; — inflammation de l'éther et de l'hydrogène);
4° *Des effets chimiques* (combinaisons de gaz, eudiomètre; décompositions de gaz, ammoniaque, cyanogène);
5° *Des effets lumineux* (étincelle proprement dite, aigrette; effluves avec les tubes de Geissler; phosphorescence).

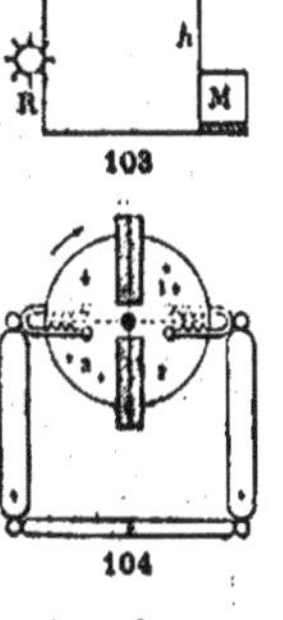

104

Machines électriques.

Généralités sur les machines. — A ce sujet, nous ferons d'abord la remarque essentielle suivante. De même que beaucoup de phénomènes électriques peuvent être comparés en tout point à des phénomènes d'hydrodynamique, de même les machines électriques peuvent être comparées aux machines hydrauliques. Une telle machine M élève par exemple de l'eau à une hauteur *h*, et de là, en vertu de son poids, l'eau pourra suivre la pente AB, puis faire tourner une roue à aubes R, et enfin revenir à son niveau primitif, d'où la machine recommencera à l'élever. La machine crée de l'énergie et l'eau ne sert que d'intermédiaire pour l'utiliser (103). De même, une machine électrique ne crée pas de l'électricité, elle l'élève simplement à un certain potentiel, d'où en retombant à un potentiel inférieur elle pourra créer de l'énergie. Donc l'électricité, pas plus que l'eau, n'est une forme de l'énergie, c'est un intermédiaire qui se prête admirablement aux transformations de l'énergie, et de même qu'à cause des frottements ou de l'échauffement, l'eau ne restitue pas toute l'énergie employée à l'élever, de même l'électricité se dépense en partie dans l'échauffement des conducteurs. On divise ces machines en trois catégories : 1° les *machines statiques* qui élèvent une petite masse d'électricité à un très haut potentiel ; 2° les *piles* qui en élèvent une grosse masse à un faible potentiel, et 3° les *machines d'induction* qui sont intermédiaires. Ces dernières seront étudiées beaucoup plus loin.

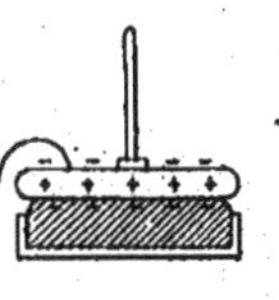

105

Machine de Ramsden. — Les machines statiques peuvent être divisées en deux classes : 1° les *machines à frottement*, et 2° les *machines à influence*. La machine de Ramsden est la plus connue des machines à frottement. Chaque quadrant du plateau qui se présente aux mâchoires possède une charge électrique constante ; cette charge induit sur le collecteur ou sur les cylindres une quantité égale d'électricité positive à cause des pointes des mâchoires qui laissent couler assez de négative pour neutraliser le quadrant. Donc la charge du collecteur augmente proportionnellement au nombre des tours du plateau et la limite est atteinte quand les pertes compensent les gains. Le potentiel du collecteur croît aussi proportionnellement avec la charge, et, s'il est bien isolé, la limite du potentiel est atteinte quand des étincelles jaillissent entre les coussins et les mâchoires. Pour ces raisons, la machine de Ramsden est dite une machine à addition (104).

Électrophore. — L'électrophore est une machine à influence. Un disque d'ébonite électrisé négativement se comporte comme une source constante qui induit sur un plateau métallique posé sur sa surface des charges équivalentes d'électricités contraires. En touchant le plateau, la négative de ce plateau disparaît et il reste chargé positivement. En recommençant l'expérience indéfiniment, on récolte chaque fois la même charge positive (105).

Machine de Bertsch. — La machine de Bertsch, qui peut être considérée comme un électrophore tournant, est une machine à addition ; elle charge deux collecteurs de quantités équivalentes d'électricités contraires ; leur potentiel varie proportionnellement au nombre des tours et atteint sa limite quand une étincelle peut jaillir entre eux (106).

Machine de Wimshurst. La machine de Wimshurst, très répandue aujourd'hui, est une machine à multiplication. Il suffit que quelques bandes d'étain de l'un des plateaux possèdent une faible charge pour que, par le mouvement des plateaux, toutes les bandes s'électrisent par influence et même pour que leur charge augmente graduellement. Elle a le grand avantage de s'amorcer d'elle-même et de fonctionner par tous les temps, mais sa théorie est mal connue.

Caractères des machines. — Les machines précédentes sont caractérisées par leur *débit* et par leur *potentiel*. Le débit peut se mesurer par le nombre des étincelles qu'elles donnent dans un temps donné. Pour une machine de Ramsden, il est proportionnel à la vitesse de rotation, à l'étendue de la surface frottée, mais ne dépend pas de la pression des coussins sur le verre. Le potentiel peut se mesurer par la longueur de l'étincelle, et il dépend surtout de la forme et de l'isolement des conducteurs.

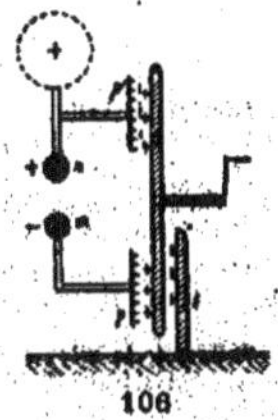

106

1. — Quelle est la force répulsive qui s'exerce entre deux boules électrisées possédant chacune un millième de coulomb et placées à 100m de distance ?

$$f_{dynes} = \frac{mm'}{d^2} = \frac{(3 \times 10^6)^2}{(10^4)^2} = 3^2 \times 10^4. \text{ — En grammes } f = \frac{3^2 \times 10^4}{981} = 91,7.$$

2. — Quel est le potentiel d'un corps dont la capacité est $\frac{1}{4}$ de microfarad et la charge $\frac{1}{100}$ de coulomb ?

$$M_{coulombs} = C_{farads} \times V \text{ volts}, \quad V = \frac{\frac{1}{100}}{\frac{1}{4} \cdot \frac{1}{10^6}} = 4 \times 10^4 \text{ volts}.$$

3. — On fait communiquer un corps de capacité $\frac{1}{5}$ de microfarad et de potentiel 10^4 volts par un fil long et fin avec un autre corps de capacité $\frac{1}{10}$ de microfarad et de potentiel 10^3 volts, quel sera le potentiel commun, et l'énergie mise en jeu ?

$$CV + C'V' = (C + C')V'',$$

ou

$$\frac{1}{5} \times \frac{1}{10^6} 10^4 + \frac{1}{10} \times \frac{1}{10^6} 10^3 = \frac{1}{10^6}\left(\frac{1}{5} + \frac{1}{10}\right)V''; \quad \text{d'où} \quad V'' = 6700.$$

L'énergie mise en jeu est :

$$\frac{1}{2} C (V - V'')^2,$$

ou

$$\frac{1}{2} \times \frac{1}{5} \times \frac{1}{10^6} (10000 - 6700)^2 = \frac{(33)^2}{10^3} \text{ joules} = 1,089 \text{ joule}.$$

4. — Un condensateur a une capacité de $\frac{1}{3}$ de microfarad et est chargé au potentiel de 5×10^4 volts. Quelle est son énergie en joules, en kilogrammètres, en calories.

$$W = \frac{1}{2} CV^2 = \frac{1}{2} \cdot \frac{1}{3} \cdot \frac{1}{10^6} \times 25 \times 10^8 = \frac{25}{6} 10^2 \text{ joules} = \frac{25 \times 10^2}{6 \times 9,81} \text{ kilog.} = \frac{25 \times 10^2}{6 \times 4,17} \text{ calories}.$$

5. — Une bouteille de Leyde a une armature intérieure de 2 décimètres carrés de surface, l'épaisseur du verre est 1mm et le pouvoir inducteur du verre 7. Sachant qu'elle est chargée au potentiel de 10^4 volts, quelle est son énergie ?

$$W = \frac{1}{2} \cdot \frac{KS}{4\pi e} V^2 = \frac{1}{2} \cdot \frac{7 \times 200}{4\pi \cdot 0,1} \cdot \frac{1}{3^2 10^{11}} \times 10^8 = \frac{7}{36\pi} \text{ joules}.$$

6. — Une batterie ayant une capacité de 1 microfarad est chargée au potentiel de 30000 volts, et la décharge passe dans un fil pesant 2 centigrammes, de chaleur spécifique 0,05. Quelle sera son élévation de température ?

$$W = \frac{1}{2} CV^2 = \frac{1}{2} \cdot \frac{1}{10^6} \times 9 \times 10^8 = 4,5 \times 100 = 450 \text{ joules} = \frac{450}{4,17} \text{ calories}.$$

D'autre part :

$$\frac{450}{4,17} = 0,02 \times 0,05 \times t,$$

le fil serait fondu et vaporisé.

7. — Une machine charge en 10 tours de plateau un condensateur de capacité 0,4 microfarad au potentiel de 5000 volts, quelle est la puissance de la machine pour 12 tours de plateau à la seconde, et quel courant pourrait-elle fournir à travers un fil de 1 ohm de résistance ?

L'énergie pour 10 tours est :

$$\frac{1}{2} \cdot \frac{0,4}{10^6} (5000)^2 = 0,5 \text{ joule}.$$

Pour 12 tours par seconde, la puissance serait $0,5 \times \frac{12}{10}$ watts $= 0,6$ watt.

Cette puissance se dépensant en chaleur dans le fil, l'intensité du courant serait donnée par $\rho I^2 = 0,6$, d'où $I = 0,77$ ampère.

Électricité.

Piles.

Principes de Volta. — Les piles électriques transforment la chaleur produite par des réactions chimiques en énergie électrique. La découverte de la pile est due à Volta qui, avec son électroscope condensateur, a posé les principes suivants :

1° *Si on soude une lame de cuivre à une lame de zinc, il s'établit entre ces deux métaux une différence de potentiel e en faveur du zinc, cette différence ne dépendant pas de l'étendue du contact, mais uniquement de la nature des métaux et de leur température.*

2° *Entre un métal et un liquide conducteur, la différence de potentiel est négligeable ou nulle.*

Ainsi, à la température ordinaire, la différence e entre le cuivre et le zinc est 0v,8, cette différence se maintient si la double lame est reliée à un corps électrisé, ou bien si l'un des deux métaux est relié au sol, etc.

Théorie de la pile. — Soit un vase contenant de l'eau acidulée et dans lequel plongent une lame de zinc et une lame de cuivre, et supposons un fil de cuivre soudé à la lame de zinc. Si ce fil de cuivre n est relié au sol, son potentiel est 0 et celui du zinc est $+e$, ainsi que pour le liquide et la lame de cuivre. Plaçons à la suite un nouveau vase en soudant son zinc avec la lame de cuivre précédente, ce second zinc prendra le potentiel $2e$, ainsi que le liquide et le nouveau cuivre, et ainsi de suite. S'il y a $(2n+1)$ vases, le dernier cuivre aura le potentiel $(2n+1)e$, et toute la pile sera chargée positivement. Si ce dernier cuivre avait été relié au sol, le premier cuivre aurait le potentiel $-(2n+1)e$, et toute la pile serait chargée négativement ; enfin, si le vase du milieu est relié au sol, les cuivres extrêmes auront les potentiels $+ne$ et $-ne$. Réunissons maintenant par un fil ces cuivres extrêmes, de l'électricité positive coulera par le fil du potentiel positif au potentiel négatif, mais les contacts maintiendront la différence de potentiel et le courant d'électricité sera continu. Ce courant provoque la décomposition de l'eau des vases, le zinc se change en ZnO, puis en SO^4Zn, et c'est cette énergie chimique qui est la source de l'énergie qui développe le courant (107).

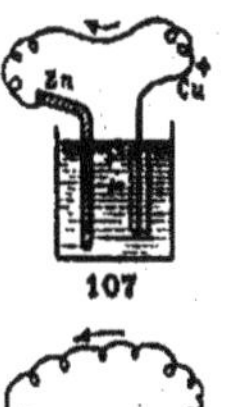

107

Piles à deux liquides. — La pile précédente offre un grave inconvénient. Le courant traversant les vases du zinc au cuivre décompose l'eau ; l'oxygène se porte sur le zinc et forme ZnO, puis SO^4Zn ; l'hydrogène se porte sur le cuivre et forme une couche plus ou moins épaisse de gaz autour du métal. Ce gaz mauvais conducteur affaiblit le courant, le rend irrégulier à cause de son épaisseur variable, enfin son contact avec le cuivre donne un *courant dit de polarisation* inverse de celui de la pile. En supprimant l'hydrogène on rend le courant régulier et plus intense. Pour cela on entoure le cuivre d'un liquide contenu dans un vase poreux et appelé *dépolarisant*, parce qu'il détruit l'hydrogène (108).

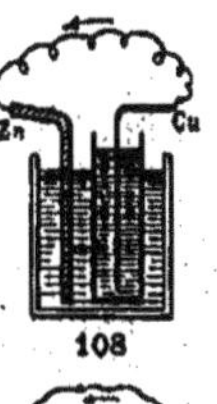

108

Pile de Daniell, dépolarisant SO^4Cu en dissolution. L'action chimique est $SO^4Cu + H^2 = SO^4H^2 + Cu$.
Pile de Marié-Davy, — SO^4Hg — — — $SO^4Hg + H^2 = SO^4H^2 + Hg$.
Pile de Bunsen — AzO^3H — — — $AzO^3H + H = AzO^2 + H^2O$.
Pile de Leclanché. Le liquide actif est $(AzH^4)Cl$, le dépolarisant, du bioxyde de manganèse : $2MnO^2 + H^2 = Mn^2O^3 + H^2O$.
Pile au bichromate. L'action chimique est : $K^2Cr^2O^7 + 4(SO^4H^2) + 6H = SO^4K^2 + (SO^4)^3Cr^2 + 7H^2O$.

Le zinc doit être amalgamé pour n'être pas attaqué dans l'eau acidulée quand le courant ne passe pas.

Principe des piles thermoélectriques. — Avec les piles thermoélectriques la chaleur est directement transformée en énergie électrique. Leur principe est le suivant : Supposons qu'on chauffe la soudure de deux métaux, bismuth et antimoine par exemple, il se produira un courant allant du bismuth à l'antimoine à travers la soudure (109). Ce courant croît d'abord proportionnellement à la température, mais, si elle s'élève de plus en plus, le courant passe par un maximum, puis décroît, s'annule et enfin devient inverse. Donc pour chaque élément de pile il y a une température qu'il ne faut pas dépasser. Si on avait refroidi la soudure, le courant aurait été inverse. Si on a une série de soudures et qu'on chauffe les soudures impaires 1, 3, 5... pendant qu'on refroidit les soudures paires 2, 4, 6, on obtient des courants qui s'ajoutent tous, et avec des piles d'un grand nombre d'éléments on peut décomposer des liquides, produire même de la lumière électrique (110).

La pile thermoélectrique la plus importante est celle de Melloni qui peut jouer le rôle d'un thermomètre très sensible.

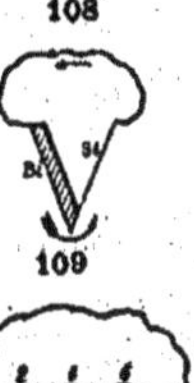

109

Lois d'Ohm. — Unités d'intensité et de résistance.

Définition de l'ampère. — Supposons qu'entre deux conducteurs A et B maintenus à des potentiels constants V et V', V étant > V', nous établissions une communication par un fil métallique ; de l'électricité positive coulera par ce fil de A vers B et le fil sera parcouru par un courant. Si nous mettons un point quelconque M du fil en relation avec un électroscope, pour chaque point nous aurons une déviation particulière mais constante, donc il n'y a pas accumulation d'électricité et le courant a partout la même valeur. On appelle intensité du courant le nombre de coulombs qui circulent par seconde. L'unité d'intensité ou *ampère* correspond au passage de 1 coulomb par seconde (111).

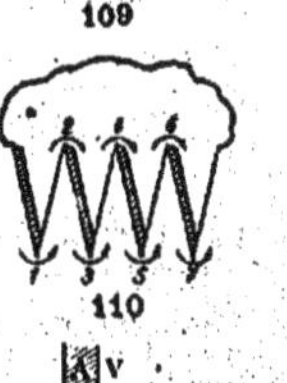

110

Lois d'Ohm. — Réunissons A et B par un fil formé de diverses parties, une première en fer, par exemple. Avec l'électroscope on constatera que le potentiel baisse le long du fil, et qu'entre deux points M et N, l'abaissement $v - v'$ est proportionnel à la distance MN ou l, d'où $v - v' = Kl$. Si la deuxième partie est un fil de fer de section double, on constatera que si on parcourt la même distance M'N' = l, la chute de potentiel est deux fois moindre ; donc pour le même métal la chute varie en raison inverse de la section ; par suite :

$$v - v' = \frac{Kl}{S}.$$

Si la troisième partie est en cuivre et de même section que la première, pour la même longueur l la chute changera, par suite K varie avec la nature du métal. Enfin, si la quatrième partie est le même fil de cuivre bifurqué en deux parties égales, un cou-

111

rant moitié moindre traversera les deux parties, et pour la même longueur l la chute sera la moitié de ce qu'elle était sur le fil unique de cuivre; donc enfin la chute est proportionnelle à l'intensité du courant. La loi générale se résume par (112) :

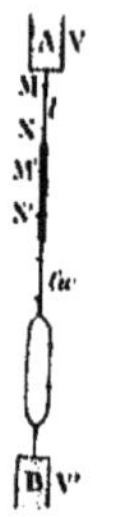

$$v - v' = \frac{Kl}{S} I,$$

et, si on appelle E la différence de potentiel, on peut écrire :

$$I = \frac{E}{\left(\frac{Kl}{S}\right)}.$$

On voit ainsi que I est d'autant plus petit que le dénominateur est plus grand, donc ce dénominateur se comporte comme une résistance R, et en posant :

$$R = K\frac{l}{S}, \text{ la formule devient } I = \frac{E}{R}.$$

Unité de résistance. Résistivité. — L'unité de résistance nommée *ohm* correspond à $I = 1$ ampère et $E = 1$ volt.

Si l'on reprend la formule $R = K\frac{l}{S}$ où K varie d'un métal à un autre, on voit qu'en faisant $l = 1$ cent. et $S = 1$ cent. carré, on a $K = R$, donc la constante K, appelée *résistivité*, est la résistance qu'offre un cylindre de métal de 1 centimètre de long et de 1 centimètre carré de section. Elle est très petite pour les métaux, et se mesure en microhms. Cette valeur étant donnée, on peut alors obtenir la résistance d'un fil de longueur et de section quelconques. D'ailleurs, la résistance varie avec la température, suivant la même loi que les dilatations :

$$R_t = R_0(1 + at),$$

a étant un coefficient variable avec le métal. Pour la manganine, il est presque nul.

Conducteurs équivalents. — Deux conducteurs sont équivalents lorsque, avec une même différence de potentiel E à leurs extrémités, ils sont parcourus par un même courant. On doit donc avoir :

$$K\frac{l}{S} = K'\frac{l'}{S'},$$

équation qui donne une de ces variables, quand on connaît les autres, par exemple l', connaissant K, l, S, K', S'.

Application à la pile. — Une pile entretient entre ses pôles une différence de potentiel constante, soit E cette différence *sans circuit* ou en *circuit ouvert* et qu'on appelle ***force électromotrice*** de la pile, R la résistance du circuit extérieur, r la résistance intérieure de la pile, I l'intensité du courant qu'elle fournit, Pouillet a vérifié que l'on a :

$$I = \frac{E}{R + r}, \quad \text{d'où} \quad E = RI + rI.$$

La chute de potentiel le long du circuit extérieur vaut RI, c'est aussi la différence de potentiel des pôles en *circuit fermé*, et l'on voit qu'elle diffère de E de la quantité rI, chute à l'intérieur de la pile.

Énergie de la pile. — 1° *Supposons que le circuit ne contienne aucun récepteur* (moteur, voltamètre), dans ce cas le courant ne fait que chauffer le circuit, et, puisque pendant chaque seconde I coulombs tombent de E volts, l'énergie par seconde est EI watts, et l'on a :

$$EI = RI^2 + rI^2,$$

l'énergie de la pile se partage donc proportionnellement aux résistances des circuits extérieur et intérieur.

2° *Supposons que le circuit comprenne un récepteur qui absorbe* T *watts.* — Dans ce cas E restant constant, la quantité d'énergie disponible dans le circuit diminue, et, comme R et r restent aussi constants, il faut que le courant diminue; soit I' sa nouvelle valeur, on aura :

$$EI' = RI'^2 + rI'^2 + T.$$

112

Or, on peut poser $T = eI$, et en substituant, il vient :

$$EI = RI^2 + rI^2 + eI, \quad \text{ou} \quad I = \frac{E - e}{R + r}.$$

La loi de Ohm est donc modifiée, et tout se passe comme si le récepteur introduisait une *force contre-électromotrice* e qui diminue l'intensité du courant.

L'énergie eI du moteur a pour expression :

$$eI = \frac{(E - e)e}{R + r},$$

113

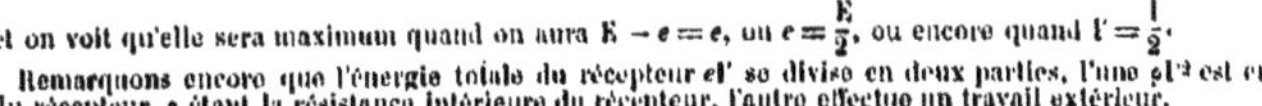

et on voit qu'elle sera maximum quand on aura $E - e = e$, ou $e = \frac{E}{2}$, ou encore quand $I = \frac{1}{2}$.

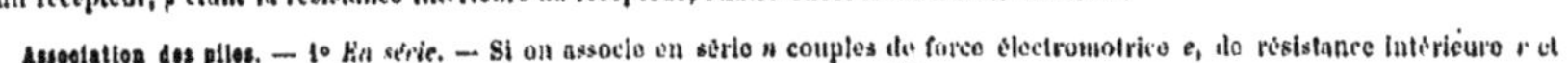

Remarquons encore que l'énergie totale du récepteur eI se divise en deux parties, l'une ρI^2 est employée à chauffer le circuit du récepteur, ρ étant la résistance intérieure du récepteur, l'autre effectue un travail extérieur.

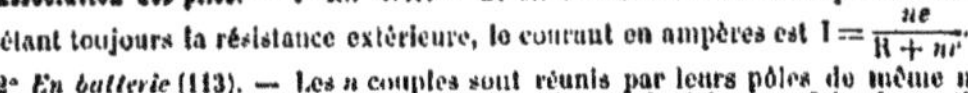

Association des piles. — 1° *En série.* — Si on associe en série n couples de force électromotrice e, de résistance intérieure r et R étant toujours la résistance extérieure, le courant en ampères est $I = \frac{ne}{R + nr}$.

2° *En batterie* (113). — Les n couples sont réunis par leurs pôles de même nom, et tout se passe comme si on n'avait qu'un couple de surface n fois plus grande, ou de résistance intérieure n fois plus petite ; donc :

$$I = \frac{e}{R + \frac{r}{n}} = \frac{ne}{nR + r}.$$

3° *Association mixte.* — On associe par leurs pôles de même nom m séries comprenant chacune n éléments. Une série se comporte comme un couple de force électromotrice ne et de résistance intérieure nr, on aura donc (114) :

$$I = \frac{ne}{R + \frac{nr}{m}} \quad \text{ou} \quad I = \frac{mne}{mR + nr}.$$

114

Les deux termes du dénominateur ont un produit constant, le courant sera maximum quand leur somme sera minimum, ou quand on aura :

$$mR = nr \quad \text{ou} \quad R = \frac{nr}{m},$$

c'est-à-dire quand la résistance de la pile égalera la résistance extérieure.

Courants dérivés. — Supposons qu'en deux points A et B d'un circuit on ait disposé une série de dérivations, de résistances r, r', r'' ; proposons-nous de calculer les courants i, i', i'', qui les traversent, I étant l'intensité du courant total. On aura (115) :

$$I = i + i' + i'' \ldots \quad \text{et} \quad ir = i'r' = i''r'',$$

ce qui donne : $$\frac{i}{\left(\frac{1}{r}\right)} = \frac{i'}{\left(\frac{1}{r'}\right)} = \frac{i''}{\left(\frac{1}{r''}\right)} \cdots = \frac{I}{\frac{1}{r} + \frac{1}{r'} + \frac{1}{r''}} = \frac{I}{\left(\frac{1}{\rho}\right)},$$

115

si l'on appelle ρ la résistance du conducteur équivalent à l'ensemble des dérivations, c'est-à-dire laissant passer le courant I. De là on déduit :

$$i = I\frac{\frac{1}{r}}{\frac{1}{r} + \frac{1}{r'} + \frac{1}{r''}} \quad i' = I\frac{\frac{1}{r'}}{\frac{1}{r} + \frac{1}{r'} + \frac{1}{r''}} \cdots \quad \text{et enfin} \quad \frac{1}{\rho} = \frac{1}{r} + \frac{1}{r'} + \frac{1}{r''} + \cdots$$

Pont de Wheatstone. — S'il n'y a que deux dérivations, les formules deviennent $i = I\frac{\frac{1}{r}}{\frac{1}{r}+\frac{1}{r'}}$ et $i' = I\frac{\frac{1}{r'}}{\frac{1}{r}+\frac{1}{r'}}$. Si l'on veut que $i = \frac{1}{10}I$, il en résulte que $r = \frac{r'}{9}$ (théorie du Shunt).

Enfin, comme application, on peut donner la théorie du *pont de Wheatstone* pour la mesure des résistances (116). Considérons deux dérivations formées chacune de deux parties dont les résistances sont a, b et a' et b'. Jetons un pont sur ces dérivations et cherchons la condition pour que le courant soit nul dans ce pont. Il suffira que la chute de potentiel jusqu'aux extrémités du pont soit la même. Or, si on appelle E la différence de potentiel entre A et B, les chutes en C et D seront :

$$E\frac{a}{a+b}, \quad \text{et} \quad E\frac{a'}{a'+b'}; \quad \text{d'où} \quad E\frac{a}{a+b} = E\frac{a'}{a'+b'}, \quad \text{ou} \quad \frac{a}{b} = \frac{a'}{b'},$$

donc si le rapport $\frac{a'}{b'}$ est connu, pour évaluer a on intercalera à la place de b des résistances convenables (boîtes de résistances), de façon à annuler le courant dans le pont CD.

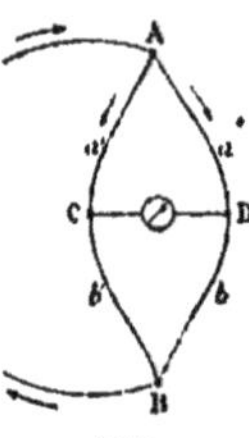

116

Effets des courants.

Effets calorifiques. — Loi de Joule. — Le passage du courant dans un fil est accompagné d'un dégagement de chaleur. En effet, si l'intensité du courant est I et si entre deux points A et B du fil la résistance est ρ, la chute de potentiel est ρI. Par suite, entre A et B, il tombe par seconde I coulombs sous une chute de ρI volts, par suite l'énergie dégagée entre A et B est ρI^2 watts, ou $\frac{\rho I^2}{4,17}$ calories.

Cette énergie est proportionnelle à la résistance et au carré de l'intensité du courant. C'est la loi de Joule.

On vérifie la loi relative à la résistance en faisant passer le même courant dans deux éprouvettes contenant le même poids de pétrole et où plongent deux résistances r et r' doubles l'une de l'autre. Dans le même temps, 5 minutes par exemple, les échauffements de l'eau seront doubles l'un de l'autre. Avec une seule spirale et des courants l'un double de l'autre, les échauffements varieraient comme 1 à 4 (117).

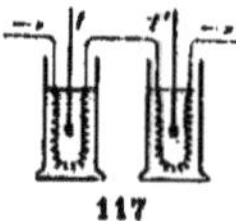

117

Conséquences. — Un courant donné peut rougir un fil de platine assez fin, et échauffer très peu un fil de cuivre, un peu gros.

Effets lumineux. — Éclairage par incandescence. — C'est une application de la loi de Joule. Un courant passant à travers un filament de charbon très fin et très résistant est porté à l'incandescence (1700°); s'il est placé dans une ampoule vide, il ne brûle pas. Une lampe de 16 bougies avec une différence de potentiel à ses bornes de 110 volts exige $0^a,5$. La résistance de la lampe est alors de 220^w (118); l'énergie dépensée 55^w, ce qui donne $3^w,4$ par bougie; elle dure 600 heures. Les lampes à filaments métalliques ne consomment que 1 watt par bougie.

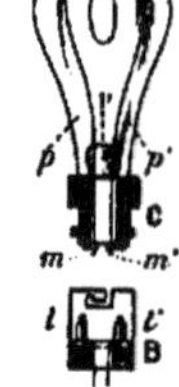

118

Éclairage par arc. — Si entre deux tiges de charbon de cornue on a une différence de potentiel d'environ 40^v, en les écartant, le courant continuera à passer et il se produira une lumière très intense. Le charbon positif se trouve alors porté à 3500° et se vaporise, le négatif est à 2500° et le courant passe grâce à l'air chaud conducteur et aux particules de vapeur de charbon entraînées du charbon positif à l'autre. Ce travail de vaporisation donne une force contre-électromotrice de 35^v.

Un bel arc de 1000 bougies nécessite 15 ampères et une chute de 50^v, ce qui correspond à 750^w ou à $0^v,75$ par bougie, ce qui montre le grand avantage de l'arc. Comme les charbons brûlent dans l'air et que l'arc s'éteindrait bientôt, un mécanisme actionné par le courant et nommé régulateur les maintient à la même distance.

Four électrique. — La chaleur énorme de l'arc est utilisée en chimie avec le four électrique. L'arc est dirigé dans un creuset avec un aimant, et on peut y fondre toutes les substances, même la chaux, réduire les oxydes par le charbon (Cr^2O^3, SiO^2), combiner le charbon aux métaux, et en particulier obtenir le carbure de calcium CaC^2 qui sert à préparer l'acétylène (119).

119

Actions chimiques des courants. — Electrolyse. — Loi de Faraday.

Effets chimiques des courants. — Définition. — Quand un courant traverse la dissolution d'un sel, d'un acide ou d'une base, ces corps sont décomposés; le phénomène s'appelle *électrolyse*, et le corps est l'*électrolyte*.

Loi qualitative. — Le courant décompose l'électrolyte en deux parties ou *ions*; l'une, le *cathion*, se porte sur la cathode, et c'est toujours un métal ou de l'hydrogène; l'autre, l'*anion*, se porte sur l'anode et peut se transformer. On pourra employer le tube en U de la figure (120). Exemples :

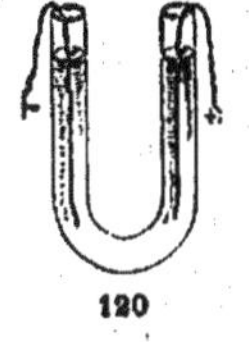

120

1° NaCl fondu : Cl se dégage à l'anode, Na à la cathode, et l'on peut recueillir les deux corps.
2° NaCl dissous : Cl se dégage à l'anode, Na à la cathode, mais en présence de l'eau on a : $Na + H^2O = NaOH + H$, de sorte qu'à la cathode, on a un dégagement de H et formation de soude pure.
3° SO^4Cu : Cu se dépose sur la cathode, SO^4 sur l'anode, mais SO^4 se dédouble en $SO^3 + O$, l'oxygène se dégage, et SO^3 avec H^2O donne SO^4H^2.
4° SO^4Na^2 : Na^2 sur la cathode donne $Na^2 + H^2O = 2(NaOH) + H^2$, et SO^4 sur l'anode donne comme précédemment $O + SO^4H^2$.
5° Avec l'eau acidulée par SO^4H^2, c'est cet acide qui se décompose en H^2 sur la cathode et en SO^4 qui donne O et régénère SO^4H^2. L'action continue tant qu'il y a de l'eau, comme si c'était l'eau qui était décomposée elle-même.

Lois quantitatives ou de Faraday. — 1° *La quantité d'électrolyte décomposée par un courant est proportionnelle à son intensité et au temps, c'est-à-dire proportionnelle à la quantité d'électricité qui a traversé l'électrolyte.*
2° *Si un même courant traverse une série d'électrolytes, il met en liberté un même nombre de valences dans chaque électrolyte.*

Na	Cl
—	+
$NaOH + H$	

L'expérience montre qu'il faut 96600 coulombs pour libérer une valence en grammes, par conséquent pour libérer 1g d'hydrogène, 108g d'argent, 23g de sodium, etc. Mais le cuivre, dont le poids atomique est 63, est bivalent, donc une valence de cuivre correspond à $\frac{63}{2} = 31^g,5$; le fer dans le sel Fe^2Cl^6 est trivalent : comme son poids atomique est 56, une valence de fer dans ce cas vaudra $56 \times \frac{2}{3}$.

SO^4	Cu
+ ↗	—
$SO^3 + O$	
SO^4H^2	

Théorie des ions. — Les lois de Faraday s'expliquent par la théorie des *ions*. — On admet qu'un sel en dissolution se dissocie en *anion* chargé négativement et en *cathion* chargé positivement, et, pour une valence en grammes, ces charges sont de 96600 coulombs. Dans la dissolution ces charges n'apparaissent pas, mais sous l'action d'un courant les ions servent de véhicule à l'électricité, les uns vont sur l'anode, les autres sur la cathode, et ils se neutralisent au contact des électrodes en donnant des molécules libres.

SO^4	Na^2
+	—
$SO^3 + O$	$NaOH + H$
SO^4H^2	

Applications. Electrométallurgie. Electrochimie. — Comme applications des phénomènes d'électrolyse nous citerons : 1° la *galvanoplastie*, le *cuivrage*, le *nickelage*, la *dorure* et l'*argenture*; 2° l'*électrométallurgie* et l'*électrochimie*.
L'électrométallurgie a pour but d'isoler les métaux, et on peut donner comme exemples : 1° la préparation du sodium par l'électrolyse du NaCl fondu; 2° la préparation du magnésium par l'électrolyse du $MgCl^2$ fondu; 3° la préparation de l'aluminium par l'électrolyse de l'alumine fondue (Héroult) ou de la cryolithe mélangée au sel marin (Minet).
En électrochimie on prépare des composés. Ainsi on prépare la soude par l'électrolyse de NaCl dissous dans l'eau; on peut même obtenir du chlorate de sodium en ne cloisonnant pas les électrodes et en ajoutant un oxydant, du chromate de potassium. On prépare la céruse en électrolysant de l'acétate d'ammonium avec des électrodes en plomb; il se produit de l'acétate de plomb qu'on traite ensuite par du carbonate d'ammonium. — Ajoutons que l'électrolyse de l'eau donne de l'oxygène et de l'hydrogène purs.

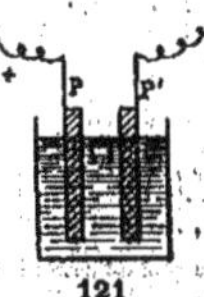

121

Principe des accumulateurs. — Les accumulateurs utilisent les phénomènes de polarisation signalés dans la pile (121). Leur principe est le suivant : Supposons qu'on électrolyse de l'eau acidulée par SO^4H^2 avec des électrodes poreuses en plomb; la décomposition amènera de l'oxygène sur l'une des lames qui s'oxydera en produisant (PbO^2), de l'hydrogène se dégagera sur l'autre et s'emmagasinera dans le plomb en polarisant cette lame. Si on supprime alors le courant et si on réunit les deux lames par un fil, un courant traverse le fil en circulant dans le vase en sens inverse de celui de la pile. Ce courant de polarisation amène de l'hydrogène sur l'oxyde de plomb qui est réduit à l'état de plomb, et il amène de l'oxygène sur l'hydrogène, ce qui produit de l'eau. Le courant cesse quand l'hydrogène a disparu, de sorte que ce courant régénère toute l'énergie dépensée primitivement par la pile.
On obtient de meilleurs effets en employant des lames de plomb avec alvéoles remplies d'oxyde de plomb PbO. Pendant la charge, l'oxyde de la lame P devient PbO^2, l'oxyde de l'autre est réduit à l'état de plomb pulvérulent et la différence de potentiel des lames atteint $2^v,1$.

Pendant la décharge, le courant marche en sens inverse, de P' vers P à travers le liquide, de l'oxygène apparaît sur P' et transforme le plomb pulvérulent en PbO, l'hydrogène sur P réduit PbO^2 à l'état de PbO. Le courant de décharge a lieu longtemps sous la tension de 2^v et on l'arrête sitôt que la tension tombe à $1^v,8$.

1 kilogramme de plomb peut emmagasiner 40000 coulombs, ce qui correspond à peu près à 10 ampères-heure. — Les batteries d'accumulateurs sont surtout employées dans les usines électriques d'éclairage. Pendant le jour elles reçoivent l'énergie de la dynamo qui fonctionne, et pendant la nuit elles versent de l'électricité dans le circuit d'éclairage.

Exercices.

1. — Sachant que la résistivité du cuivre est $1^{\mu},6$, quelle est la résistance d'un fil de cuivre ayant 10 kilomètres de long et 4 millimètres carrés de section?

2. — Un fil de cuivre a 500 mètres de long, 5 millimètres carrés de section et une résistivité de $1^{\mu},6$; quelle est la longueur d'un fil de fer de 8 millimètres carrés de section et de résistivité 9^{μ} qui a la même résistance?

3. — Un fil de cuivre, de résistivité $1^{\mu},6$, de section 6 millimètres carrés, est parcouru par un courant de 3 ampères, quelle sera la chute de potentiel entre deux points distants de 4 mètres?

4. — Une pile est formée de 10 éléments en série, de force électromotrice $1^v,5$ et de résistance $0^{\omega},8$, quelle est l'intensité du courant qu'elle donne à travers une résistance extérieure de 12^{ω}? Quelle est la quantité de chaleur dégagée dans un élément et dans le circuit extérieur?

5. — Quelle doit être l'intensité d'un courant pour obtenir 750 calories, en 5 minutes, avec une résistance de $0^{\omega},75$?

6. — Comment doit-on associer 100 éléments de pile ayant une f. é. m. de $1^v,8$ et une résistance intérieure de $0^{\omega},5$, pour avoir le courant maximum avec une résistance extérieure de 2^{ω}? Combien ce courant libère-t-il de cuivre en 1 heure? Poids atomique du cuivre, 63.

$$\begin{matrix} m \cdot n = 100 \\ m \times 2 = n \times \frac{1}{2} \end{matrix} \quad \text{d'où} \quad \begin{matrix} m = 5 \\ n = 20 \end{matrix}, \quad I = \frac{100 \times 1,8}{5 \times 2 + 20 \times \frac{1}{2}} = \frac{180}{20} = 9 \text{ ampères.}$$

$$p = \frac{63}{2} \cdot \frac{9 \times 3600}{96600} = 10^g,5.$$

7. — On groupe en série 20 éléments de résistance $0^{\omega},2$ sur un circuit composé d'un ampèremètre de résistance 1^{ω}. Quelle serait la résistance du shunt à interposer entre ses bornes pour avoir le même courant en groupant les éléments par 2 rangées de 10? Que doit valoir la f. é. m. d'un élément pour que l'effet Joule dans l'ampèremètre vaille 57,76 watts? (*Poitiers*, 1910.)

Le courant primitif vaut $\frac{20e}{5}$. Dans le second cas, si x est la résistance du shunt, la résistance équivalente est $\rho = \frac{x}{1+x}$, et le courant dans l'ampèremètre vaut

$$i = \frac{10e}{1 + \frac{x}{1+x}} = \frac{x}{1+x} = 10e \frac{x}{1+2x},$$

donc

$$\frac{20e}{5} = 10e \frac{x}{1+2x}, \quad \text{d'où} \quad x = 2^{\omega}.$$

D'ailleurs on doit avoir :

$$\left(10e \times \frac{2}{5}\right)^2 \times 1 = 57,76, \quad \text{d'où} \quad e = 1^v,5.$$

8. — Une usine électrique entretient entre deux bornes A et B une différence de potentiel de 160^v. Un courant pris sur ses bornes traverse un moteur et vaut 10 ampères quand le moteur est immobile et 4 ampères quand il fonctionne. Quelle est la résistance du circuit qui comprend le moteur et quelle est la puissance développée dans le moteur? (*Montpellier*, 1906.)

$$10 = \frac{160}{R}, \text{ d'où } R = 16; \quad 4 = \frac{160 - e}{16}; \quad e = 96^v; \quad W = 96 \times 4 = 376 \text{ watts.}$$

9. — Sur une canalisation à 110^v on a monté 100 lampes à incandescence en dérivation consommant $52^w,8$. On a monté aussi un moteur de $0^{\omega},5$ de résistance et fournissant une puissance de 3872^w, soit les 80 p. 100 de la puissance électrique absorbée, les 20 p. 100 étant perdus par l'effet Joule. Quelle est l'intensité du courant quand le moteur ne fonctionne pas et aussi quand il fonctionne? Quelle est la différence de potentiel à ses deux pôles? (*Alger*, 1906.)

Dans le premier cas, chaque lampe est traversée par un courant dont l'intensité est $\frac{52,8}{110}$; le moteur est traversé par un courant de $\frac{110}{0,5} = 220$ ampères, le courant total vaut donc $220 + 100\frac{52,8}{110} = 220 + 48 = 268$ ampères.

Dans le second cas, l'effet Joule absorbe 968^w et on a $0,5 \times I^2 = 968$, d'où $I = 44^a$, le courant total est $48^a + 44^a = 92$ ampères.

La différence de potentiel aux bornes du moteur $rI = 0,5 \times 44 = 22$ volts.

10. — Une pile constante a son circuit fermé par une bobine de 10^{ω} et un galvanomètre de résistance 5^{ω}, le tout en série. Dans une deuxième expérience on place la bobine en dérivation sur le galvanomètre et un voltamètre indique 10^v de différence de potentiel aux bornes du galvanomètre, lequel accuse encore le même courant que plus haut. On demande de calculer la force électromotrice et la résistance de la pile. (*Lille*, 1900.)

Dans le premier cas : $I = \frac{e}{10+5+r} = \frac{e}{15+r}$.

Dans le second cas, la résistance équivalente est : $\frac{1}{\rho} = \frac{1}{10} + \frac{1}{5} = \frac{3}{10}$, d'où $\rho = \frac{10}{3}$.

Le courant total de la pile est $\frac{10}{\rho} = 3^a$. Le courant qui traverse le galvanomètre est $i = 3 \cdot \frac{10}{15} = 2^a$. On a donc les équations suivantes :

$$2 = \frac{e}{15 + r} \quad \text{et} \quad 3 = \frac{e}{r + \frac{10}{3}}, \quad \text{d'où} \quad e = 70^v \quad \text{et} \quad r = 20\omega.$$

11. — Une bobine a une résistance de $1\omega,004$. Quelle longueur d'un fil ayant $16\omega,2/3$ de résistance par mètre faut-il mettre en dérivation entre ses pôles pour en faire un ohm exact? (*Nancy*, 1908.)

Si x est la longueur demandée en mètres, sa résistance sera $16,66 \times x$, et la résistance équivalente vaudra : $\frac{1}{1,004} + \frac{1}{x \times 16,66} = 1$, d'où x.

12. — Soit AB une portion rectiligne d'un circuit; avec un fil identique à AB on fait une demi-circonférence ACB, puis sur OB une autre demi-circonférence ODB. Un courant arrivant en A sort en B, et on demande le rapport des intensités des courants qui passent dans les deux demi-circonférences. (*Poitiers*, 1909.)

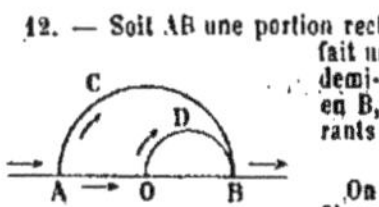

On peut prendre comme unité de résistance celle du fil pour la longueur OA = R, alors la résistance équivalente S aux deux résistances OB et ODB est donnée par :

$$\frac{1}{S} = \frac{1}{1} + \frac{2}{\pi} = \frac{\pi + 2}{\pi}, \quad \text{d'où} \quad S = \frac{\pi}{\pi + 2}.$$

Si I est le courant total, le courant i qui parcourt ACB vaut : $i = I\frac{1 + S}{\pi + S}$;

le courant i' qui suit AO vaut $i' = I\frac{\pi}{\pi + S}$;

de même le courant i'' qui parcourt ODB vaut :

$$i'' = i'\frac{1}{1 + \frac{\pi}{2}} = i'\frac{2}{\pi + 2} = I\frac{\pi}{\pi + S} \times \frac{2}{\pi + 2}.$$

Le rapport demandé est :

$$\frac{1 + S}{\pi + S} : \frac{\pi}{\pi + S} \times \frac{2}{\pi + 2} = \frac{(1 + S)(\pi + 2)}{2\pi} = \frac{\pi + 1}{\pi}.$$

13. — Deux piles de résistances négligeables sont associées en opposition, d'un côté par un fil NDN' sans résistance, de l'autre par une spirale de résistance 10ω et un galvanomètre. La pile NP ayant une force électromotrice de 2^v, on jette un pont CD de 30ω et on constate qu'aucun courant ne passe dans CGD. Calculer la force électromotrice de N'P', l'intensité du courant dans l'autre circuit, la résistivité du fer en supposant que la spirale a 1000^m de long et 1^{mm} de diamètre, la valeur du champ à l'intérieur de la spirale, sachant qu'elle a 20 spires par centimètre. (*Montpellier*, 1910.)

Le courant dérivé fourni par NP dans le galvanomètre est égal et de sens contraire au courant total fourni par N'P'. La résistance équivalente S de CD et du galvanomètre est :

$$\frac{1}{S} = \frac{1}{30} + \frac{1}{g}; \quad S = \frac{30g}{30 + g}.$$

Le courant total de NP est :

$$I = \frac{2}{10 + S},$$

et le courant dérivé à travers G est :

$$i = I\frac{30}{30 + g} = \frac{2}{10 + S} \times \frac{30}{30 + g} = \frac{3}{15 + 2g}.$$

Le courant total de N'P' est :

$$I' = \frac{e}{g + \frac{30}{4}} = \frac{4e}{4g + 30}.$$

Donc, puisque $i = I'$, on a $e = \frac{3}{2}$.

Le courant dans la spirale vaut $\frac{2}{10} = \frac{1}{20}$; la chute de potentiel aux deux bouts de la spirale est $\frac{1}{2}$ volt, et la résistivité du fer sera donnée par $\frac{1}{2} = K\frac{l}{S} \times \frac{1}{20}$, $K = 4\mu$.

Le champ est donné par $1,25nI = 1,25 \times 10 \times \frac{1}{20} = 0,625$ gauss.

14. — Une pile de 20^v, de résistance 2ω, est fermée sur un circuit de 8ω. Deux points du circuit séparés par une résistance 2ω communiquent avec les armatures d'un condensateur de capacité 1μ. Calculer la quantité de chaleur Q dégagée par le courant dans la résistance en 5 minutes; la charge M du condensateur, et trouver ce que deviennent q et M si on introduit entre ces deux points une dérivation de 4ω. (*Paris*, 1910.)

D'abord :

$$I = \frac{20}{10} = 2^{amp.}, \quad q = 2 \times 4 \times 300 \times \frac{1}{4,17} = 575^c, \quad M = \frac{1}{10^6} \times 4 = \frac{4}{10^6} \text{ coulomb.}$$

Dans le second cas, le courant vaut :

$$I' = \frac{20}{8 + \frac{4}{3}} = \frac{60}{28}.$$

Le courant dérivé dans la résistance 2ω vaudra :

$$i = I \cdot \frac{4}{6} = \frac{40}{28},$$

donc :

$$q' = 2 \times \left(\frac{40}{28}\right)^2 \cdot 300 \cdot \frac{1}{4,17} = 2\left(\frac{10}{7}\right)^2 300 \frac{1}{4,17} = 293^c.$$

$$M' = \frac{1}{10^6} \times 2 \times \frac{40}{28} = \frac{2}{7 \cdot 10^5} \text{ coulomb.}$$

15. — Dans le circuit d'un courant on a disposé un voltamètre à sulfate de cuivre et une résistance formant shunt pour un galvanomètre. Cette résistance vaut $0\omega,1$ et celle du galvanomètre 150ω. Pendant 20' le courant fait déposer $1^g,32$ de cuivre de poids atomique 63, et le galvanomètre marque 55 divisions. En plaçant le galvanomètre dans un circuit contenant une f. é. m. de 2^v et une résistance de 2500ω, que marquera l'aiguille? (*Clermont*, 1910.)

Dans le premier cas le courant qui passe est donné par :

$$1,32 = \frac{63}{2} \cdot \frac{1}{96600} \times 1200, \quad \text{d'où} \quad I = 3^a,37.$$

La fraction de courant qui traverse le galvanomètre est donnée par :

$$i = 3,37 \frac{0,1}{150,1} = 0^a,002.$$

Dans le second, le courant qui traversera le galvanomètre est :

$$I' = \frac{2}{2500 + 150} = 0^a,00075.$$

La déviation x est donnée par :

$$\frac{x}{55} = \frac{0,00075}{0,002}, \quad \text{d'où} \quad x = 20,6.$$

16. — Un courant qui fait déposer 7^g de cuivre en 5 heures actionne aussi une lampe à incandescence qui absorbe dans le même temps 1174 kilowatts. Quelle est la différence de potentiel aux bornes de la lampe et sa résistance? (*Rennes*, 1908.)

$$7 = \frac{63}{2} \times \frac{1}{96600} \times 18000, \quad \text{d'où} \quad I = 1^a,2, \quad \text{d'ailleurs} \quad \rho \times (1,2)^2 \cdot 18000 = 1174000.$$

d'où : $\rho = 47\omega$, et la différence de potentiel est : $47 \times 1,2 = 56^v,4$.

17. — Sur un même circuit se trouvent : 1° un voltamètre à eau avec lames de platine; 2° un voltamètre à sulfate d'argent et électrodes d'argent; 3° une résistance de $8\omega,36$ plongée dans un calorimètre dont la valeur en eau est 483^g. On constate qu'il faut 16' + 6" pour que la température s'élève de 1°. Quels sont les volumes de O et de H mesurés à 0° et à la pression 76, et le poids d'argent déposé? (*Paris*, 1908.)

On a : $$\frac{8,36 \times I^2 \times 966}{4,18} = 483, \quad \text{d'où} \quad I = \frac{1}{2}.$$

Le poids d'argent déposé est :

$$p = 108 \times \frac{1}{2} \frac{1}{96600} \times 966 = 0^g,54.$$

Le poids d'hydrogène est 108 fois plus petit et vaut $0^g,005$. Or, $22^l,3$ d'hydrogène pèsent 1^g, donc son volume $V = 22,3 \times 0,005 = 0^l,1115$. Celui de O est moitié moindre.

18. — Une machine de Gramme alimente 150 lampes en dérivation sur les bornes de la machine. La f. é. m. est 110^v et le courant de 100 ampères. Quelle est la résistance d'une lampe et la puissance de la machine? (*Nancy*, 1907.)

19. — La différence de potentiel entre les pôles d'une pile est réduite aux $\frac{4}{5}$ de la valeur qu'elle présente en circuit ouvert lorsqu'on relie les pôles par un circuit de 18^ω de résistance. Quelle est la résistance intérieure de la pile? (*Marseille*, 1907.)

On a : $$E = RI + rI, \quad RI = \frac{4}{5}E, \quad \frac{R}{r} = \frac{4}{1}, \quad r = \frac{1}{4} = R\frac{18}{4} = 4\omega,5.$$

$$rI = \frac{1}{5}E.$$

Magnétisme.

Magnétisme. — Champ magnétique. — Boussole.

Généralités sur les aimants. — Un aimant est caractérisé par la propriété d'attirer le fer ou l'acier, et, si sa forme est allongée, on constate, avec l'expérience du spectre magnétique, que cette vertu attractive semble concentrée en deux points voisins des extrémités et appelés *pôles*. — Si le barreau est mobile sur un pivot, un pôle se dirige vers le nord, l'autre vers le sud; de là leurs noms de *pôle nord* et *pôle sud*. — D'autre part, deux pôles de même nom se repoussent et deux pôles de noms contraires s'attirent. Coulomb a démontré que, comme en électricité, ces actions *sont proportionnelles aux quantités de magnétisme contenues dans ces pôles et en raison inverse du carré de leur distance*. — L'unité C. G. S. de magnétisme est celle qui, agissant sur une quantité égale à 1 centimètre, produit une répulsion égale à une dyne.

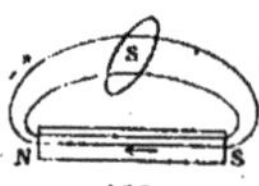

122

Lignes de force et d'induction. — Les notions précédentes doivent être complétées par les notions des lignes de force et des *lignes d'induction*. — L'expérience du spectre magnétique montre que la limaille, obéissant à des forces issues de l'aimant, dessine des courbes allant d'un pôle à l'autre. — Ces courbes sont des *lignes de force*, et, si la limaille les rend visibles, on conçoit qu'elles existent sans elle, et qu'en déplaçant un aimant il entraîne tout son cortège de lignes de force. On leur donne arbitrairement une direction, et on suppose qu'elles vont extérieurement du pôle nord au pôle sud. On admet même qu'elles ne se terminent pas aux pôles, mais qu'elles rentrent dans l'aimant en allant du pôle sud au pôle nord (122). — Ces lignes intérieures, que la limaille ne manifeste pas, sont des *lignes d'induction*.

Magnétisme.

Champ magnétique, gauss, maxwell. Aimantation. — On appelle champ magnétique d'un aimant la région de l'espace dans lequel il fait sentir son action, ou bien encore la portion de l'espace occupé par les lignes de force qu'il émet. Si en un point P de cet espace on place l'unité du pôle nord, cette unité sera repoussée par N, attirée par S, et la résultante H de ces deux actions représente, en grandeur et en direction, le champ au point P. Si cette force vaut 8 dynes, on dit que le champ est de 8 gauss, de sorte que l'unité de champ, nommée *gauss*, correspond à 1 dyne. Si en P on plaçait une aiguille aimantée très courte, son pôle nord serait attiré suivant PH, son pôle sud serait repoussé en sens inverse, et l'aiguille serait tangente à PH ou à la ligne de force qui passe en ce point. Enfin, si en P on imagine une petite surface S normale au champ, on appellera flux de force à travers cette surface le produit HS. — L'unité de flux est le *maxwell*, qui correspond à $S = 1^{cq}$ et $H = 1$ gauss; de sorte que le produit HS représente des maxwells (123).

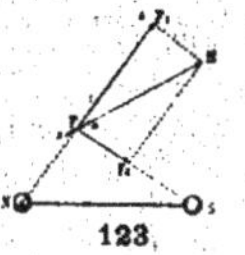

123

Si dans un champ magnétique on place un petit barreau de fer, on reconnaît avec la limaille de fer que les lignes de force se dévient pour passer en grande abondance dans le fer, comme si elles y trouvaient un passage plus facile que dans l'air, et le fer s'aimante avec un pôle nord à l'extrémité où sortent les lignes de force. Si on éloigne le barreau, il conserve une partie de son magnétisme (magnétisme rémanent) et on pourrait le désaimanter complètement par un choc ou une température de 800° (124).

124

On comprend aussi que, si on brise un barreau aimanté d'acier en plusieurs fragments, on brise aussi les lignes de force, mais elles se rejoignent dans les divers fragments en les transformant en aimants complets, et en formant deux pôles de noms contraires de part et d'autre de la fracture (125).

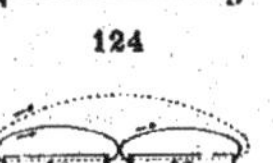

125

Remarquons enfin que si m désigne la masse magnétique d'un pôle d'aimant, et si $2l$ est la distance de deux pôles, le produit $2lm$ est le moment magnétique de l'aimant; si on le divise par le volume V de l'aimant en centimètres cubes, le quotient $\frac{2lm}{V} = A$ caractérise l'*intensité d'aimantation* du barreau.

Champ magnétique terrestre. Boussole. — Si on suspend une petite aiguille aimantée par un fil passant par son centre de gravité, et qu'on la déplace dans une chambre, on verra qu'elle conserve la même direction; on dit alors que le champ magnétique terrestre qui agit sur elle est *uniforme*. De la position inclinée d'équilibre que prend l'aiguille, on conclut que les lignes de force terrestres émanent des régions sud de la terre et vont, en traversant l'aiguille, se perdre dans la région nord en faisant un angle d'environ 65° avec l'horizontale. D'autre part, les deux pôles sont soumis à deux forces F et F', parallèles, égales et contraires et formant un couple, nommé *couple terrestre*.

Considérons en un point une aiguille aimantée *ab* suspendue sur un pivot et soumise aux forces F et F' du couple terrestre (126).

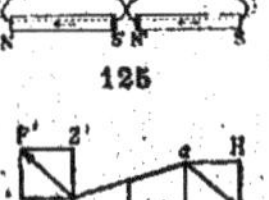

126

Ces forces peuvent se décomposer en deux horizontales H et H' et deux verticales Z et Z'. On annule l'effet des forces Z et Z' en rendant une moitié de l'aiguille plus lourde que l'autre, et sous l'action des forces H et H' l'aiguille se place en équilibre dans le plan vertical qui contient les forces F et F'. Ce plan se nomme *méridien magnétique du lieu*, et il fait avec le méridien géographique un angle qui est la *déclinaison du lieu*. Pour mesurer cet angle, on se sert d'une aiguille horizontale mobile sur un pivot fixé au centre d'un cercle horizontal gradué, dont le diamètre 0 — 180 est dirigé suivant la méridienne. Mais en réalité cette mesure est compliquée, parce qu'on ne connaît pas en général la direction de la méridienne, que d'ailleurs le pivot n'est pas exactement au centre et la ligne des pôles n'est pas confondue avec la diagonale de l'aiguille en losange (127).

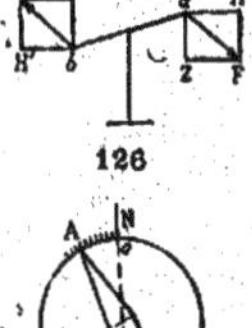

127

Enfin si on a une aiguille mobile autour d'un axe passant par son centre de gravité et au centre d'un cercle divisé, vertical et orienté dans le méridien magnétique, l'aiguille fera avec l'horizontale un angle qui est l'*inclinaison du lieu*.

Ces angles varient avec le temps et avec le lieu, et en particulier, à Paris, la déclinaison est voisine de 11°, l'inclinaison de 65°. La force horizontale est de 0,2 dyne. La connaissance de la déclinaison en mer permet de guider les navires.

Électrodynamique.

Champ magnétique des courants. — Solénoïdes.

L'électrodynamique étudie les actions réciproques des courants et des aimants.

Expérience d'Œrstedt. Loi d'Ampère. — Œrstedt connut le premier en 1819 qu'un courant agit sur un aimant, ou mieux encore, qu'un courant produit un champ magnétique. En plaçant une petite aiguille aimantée au voisinage d'un courant, il vit que le pôle nord de l'aiguille était dévié tantôt dans un sens, tantôt dans le sens opposé, suivant sa position par rapport au courant, ou suivant le sens du courant, et c'est Ampère qui formula la loi de ces déviations.

Si un observateur est placé de façon que le courant le suive des pieds à la tête, et s'il regarde l'aiguille, le pôle nord dévie à sa gauche.

Champ magnétique des courants. Lois de Maxwell. — Si on place une feuille de papier perpendiculairement à un courant rectiligne, la limaille de fer y dessine des lignes de force qui sont des cercles concentriques, dont le centre est sur le courant. La direction de ces lignes peut s'obtenir en plaçant une petite aiguille aimantée sur le papier et en appliquant la loi d'Ampère, mais on peut aussi appliquer la loi suivante de Maxwell : *Si on dispose un tire-bouchon suivant le courant, le sens dans lequel il faut le tourner pour qu'il progresse suivant le courant, est le sens des lignes de force* (128).

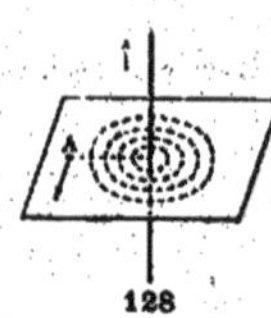

128

Si on étudie de même le champ d'un courant circulaire vertical en plaçant une feuille de papier horizontale et passant par son centre, la limaille dessine les courbes de la figure 129. Leur sens peut s'obtenir par la loi d'Ampère, ou suivant la seconde loi de Maxwell. — *Si on dispose le tire-bouchon sur le papier perpendiculairement au plan du courant, et si on le tourne dans le sens du courant, il progresse suivant le sens des lignes de force.*

Ce courant a les mêmes lignes de force qu'une tranche mince d'un aimant ; suspendu, il s'orienterait sous l'action de la terre et il a par suite une face nord et une face sud.

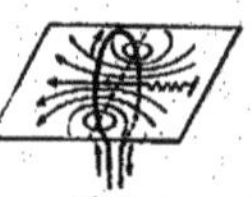

129

Si nous considérons le plan P qui contient un élément l d'un courant d'intensité I ampères et un pôle d'aimant N de masse magnétique m, *la force électromagnétique agissante est perpendiculaire à ce plan*, et a pour valeur, d'après Laplace (130) :

$$f = \frac{1}{10} Il \sin\theta \times \frac{1}{d^2} \cdot m \text{ dynes},$$

d étant la distance en centimètres du milieu du courant au pôle, et θ l'angle que fait cette ligne avec le courant. — Plaçons l'unité de pôle au centre du courant circulaire de rayon r, en étendant l'action à tout le cercle, nous aurons la valeur du champ au centre ; en l'appelant H, on a :

$$H = \frac{1}{10} 2\pi r I \frac{1}{r^2} = \frac{2\pi}{10} \frac{I}{r} \text{ gauss}.$$

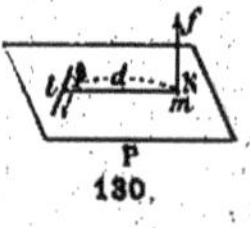

130

Solénoïdes. — Si on enroule un fil parcouru par un courant en une spirale serrée, on a un solénoïde. La limaille de fer dessine un champ analogue à celui d'un aimant, les lignes de force sortent ou entrent par les spires extrêmes ; à l'intérieur elles sont parallèles et donnent un champ uniforme. Le pôle nord du solénoïde sera l'extrémité par où sortent les lignes de force. Si on appelle n le nombre de spires par centimètre d'axe, la valeur du champ au centre est (131) :

$$H = \frac{4\pi}{10} nI \text{ gauss} = 1{,}25\, nI \text{ gauss},$$

le produit nI se nomme les ampères-tours. — Le flux magnétique vaudra HS maxwells, S étant la surface d'une spire.

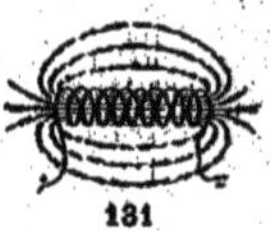

131

Les solénoïdes ont toutes les propriétés des aimants. Leurs pôles s'attirent ou se repoussent comme ceux des aimants, et les pôles d'aimants agissent sur les pôles de solénoïdes. Le solénoïde est dirigé par la terre comme l'aimant, et un courant le dévie suivant la loi d'Ampère. On pourra, d'après Ampère, envisager un aimant comme un solénoïde, ou mieux comme un faisceau de solénoïdes, mais ces solénoïdes ne restent pas parallèles, ils vont en divergeant vers les extrémités et peuvent se terminer sur les côtés de l'aimant.

Remarque. — Pour le courant circulaire, ou pour le solénoïde, la direction des lignes de force, donnée par la règle de Maxwell, conduit à dire que *le pôle nord est l'extrémité par laquelle un observateur voit le courant tourner en sens inverse des aiguilles d'une montre.*

Action d'un champ magnétique sur un courant.

Action d'un champ magnétique sur un courant. — Entre un courant et un pôle d'aimant il naît une force appelée *électromagnétique*, et nous avons vu que si le courant est fixe, c'est l'aimant qui se déplace ; mais inversement, si l'aimant est fixe, le courant rendu mobile se déplace en sens inverse. — Cette conséquence est très importante et se vérifie de plusieurs manières.

1° *Courant mobile entre les branches d'un aimant fixe* (132). — En appliquant la loi d'Ampère, le pôle N devrait aller à la gauche de l'observateur ; l'aimant étant fixe, le courant sera entraîné à sa droite. *Mais, si on tourne l'observateur de façon qu'il regarde dans la direction des lignes de force qui traversent le courant, le courant sera encore dévié à sa gauche.* — *C'est la loi essentielle à retenir.*

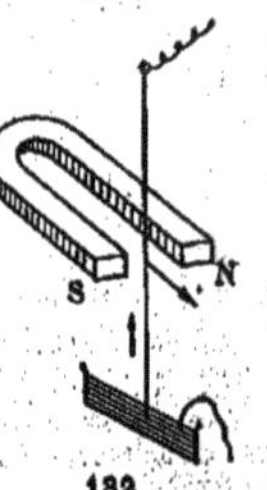

132

2° *La roue de Barlow* est une expérience analogue (133).

Supposons que le courant monte suivant le rayon vertical qui touche le bain de mercure, ce courant tendrait à entraîner le pôle N à la gauche de l'observateur d'Ampère, aussi c'est ce rayon qui est entraîné en sens inverse, et à la gauche de l'observateur qui, placé suivant le courant AO, regarde dans la direction des lignes du champ. Seulement ici, l'action se renouvelant sans cesse, la roue tourne d'une manière continue.

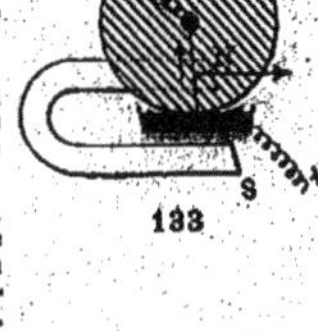

133

3° *Action d'un courant sur un autre courant parallèle.*

Un courant produisant un champ magnétique, l'un d'eux est soumis au champ magnétique de l'autre. Ainsi le courant B est traversé par les lignes de force du courant A, et si l'observateur d'Ampère est placé suivant B et regarde dans la direction du champ, sa gauche est dirigée vers A, donc les deux courants s'attirent. Si le courant dans B était contraire à celui de A, la force agirait en sens inverse et les courants se repousseraient (134).

4° *Action du champ terrestre sur un courant vertical mobile.*

Soit le courant mobile rectangulaire ABCD, suivant la direction indiquée par les flèches, et traversé par le champ uniforme terrestre, l'action du champ sur CD sera une force f dirigée à la gauche de l'observateur d'Ampère qui regarde dans la direction du champ, l'action sur AB sera la force f' égale et opposée à l'autre, donc le plan du cadre se placera perpendiculairement au méridien magnétique (135). Il en serait de même d'un solénoïde, et on comprend ainsi pourquoi la terre oriente son axe du nord au sud.

134

Travail élémentaire d'une force électromagnétique. — Lorsqu'un courant éprouve un déplacement dans un champ, la force électromagnétique effectue un travail; et si I est l'intensité du courant, $\Delta\Phi$ la portion de flux balayée par le courant dans son déplacement, le travail effectué mesuré en joules et donné par :

$$W = \frac{1}{10^8} I \Delta\Phi.$$

Appliquons ce résultat à la roue de Barlow.

Soit r le rayon de la roue supposée faisant n tours par seconde, dans un champ uniforme H normal à son plan. Si I est l'intensité du courant qui suit le rayon, le flux coupé par le rayon en une seconde est $\pi r^2 \times nH$, par conséquent le travail en watts vaut : $\frac{1}{10^8} I\pi r^2 nH$.

Inversement, si on supprime le courant et qu'on fasse tourner le disque avec la main, le travail dépensé se changera en électricité, et par les fils de communication on recueillera un courant appelé dans ce cas *courant d'induction*. C'est un exemple de la corrélation qui existe entre les phénomènes d'électromagnétisme et ceux d'induction. — En supposant les frottements négligeables, le travail en watts dépensé se transforme en une quantité équivalente d'énergie électrique EI, et l'on a l'équation :

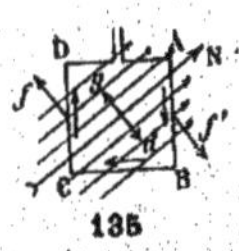

135

$$EI = \frac{1}{10^8} I\pi r^2 nH.$$

I s'élimine, et l'équation donne la force électromotrice E du courant. Si $H = 0{,}2$ gauss (champ horizontal terrestre), $n = 20$, $r = 20^c$, on trouve $E = \frac{1}{2 \cdot 10^3}$ volt. Toutefois, il faut remarquer que cette force électromotrice *sera inverse* de celle de la pile qui actionnait la roue.

Galvanomètres. — Ampèremètre. — Voltmètre.

Galvanomètres. — **Théorie.** — 1° *Galvanomètre à aimant mobile.* — Considérons un circuit circulaire orienté dans le méridien magnétique et ayant à son centre une courte aiguille aimantée, mobile dans un plan horizontal, que la terre dirigera dans le plan du circuit. En lançant un courant dans le circuit, l'aiguille se déplacera dans le champ uniforme créé par le courant et chaque pôle sera soumis à deux forces, l'une F normale au plan du circuit et due au champ, l'autre H parallèle au plan du circuit, et due à la composante horizontale du champ terrestre. L'angle d'équilibre α sera donné par : $\operatorname{tg}\alpha = \frac{F}{H}$, formule vraie quel que soit α (Boussole des tangentes) (136).

Comme le champ dû au circuit a pour valeur $\frac{2\pi I}{10 r}$, on voit que pour une valeur donnée de I on augmentera α : 1° en multipliant le nombre des tours de fil du circuit et en diminuant r; 2° α augmentera aussi en diminuant H, soit avec des *aiguilles astatiques*, soit avec un *aimant compensateur*.

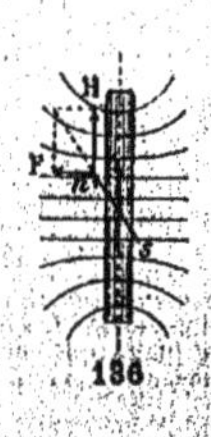

136

Galvanomètres. — Ampèremètre. — Voltmètre.

Appareil de lord Kelvin. — L'appareil de lord Kelvin comprend un système d'aiguilles astatiques qui se meuvent à l'intérieur de deux bobines où le champ est uniforme, et de plus l'enroulement des fils sur les bobines est inverse, de sorte que les actions s'ajoutent. Il peut accuser $\frac{1}{1000}$ de microampère. Sa résistance intérieure est très grande et un shunt ne laisse en général passer dans l'appareil que $\frac{1}{10}$ ou $\frac{1}{100}$ ou $\frac{1}{1000}$ du courant total. On peut apprécier les plus faibles déviations par la méthode du miroir (137).

2° *Galvanomètre à cadre mobile de Deprez.* — Il se compose en principe d'un circuit rectangulaire mobile autour de sa médiane verticale, constituée par un fil d'argent qui sert à amener le courant. Ce circuit est dans le champ uniforme d'un aimant vertical à deux branches. Quand le courant passe, la force électromagnétique qui prend naissance dévie le circuit dans un sens ou dans le sens opposé, suivant le sens du courant. Un miroir permet de mesurer les petites déviations et la sensibilité atteint $\frac{1}{10}$ de microampère. Ici c'est la torsion du fil d'argent qui équilibre l'action du courant, et un cylindre intérieur en fer amortit les oscillations au point que l'appareil est dit apériodique (138).

3° *Ampèremètre.* — C'est le galvanomètre industriel. Une aiguille aimantée dirigée par un fort aimant extérieur NS est placée obliquement par rapport à deux bobines à gros fil. En lançant le courant dans les bobines, l'aiguille tend à se diriger suivant leur axe commun et dévie. Elle entraîne un index sur un cadran. L'appareil est gradué expérimentalement (139).

4° *Voltmètre.* — Il mesure la différence de potentiel entre deux points d'un circuit. Il est construit comme l'ampèremètre, mais sa résistance intérieure R est très grande. Supposons que ses deux bornes soient en relation avec deux points A et B d'un circuit séparés par une résistance ρ. Si I est l'intensité du courant principal, l'intensité du courant qui traverse le voltmètre est très petite et vaut : $i = I\frac{\rho}{R+\rho}$. Dans AB le courant vaut sensiblement I et la différence de potentiel entre A et B est ρI, par suite on a (140) :

$$i = \frac{e}{R+\rho} = \frac{e}{R}.$$

L'intensité i est proportionnelle à e, et on gradue l'appareil par l'expérience.

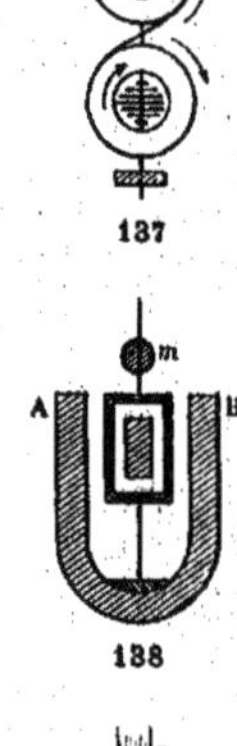

137

138

Aimantation par un champ magnétique. — Hystérésis. — Électroaimant. Télégraphe.

Aimantation par les courants. — L'aimantation par les courants a été découverte par Arago en 1820. En plaçant une aiguille d'acier perpendiculairement au courant, elle était traversée par ses lignes de force et s'aimantait avec un pôle nord placé à la gauche du courant. Mais si un courant suit une spirale, en plaçant l'aiguille d'acier suivant son axe, l'aiguille est traversée par toutes les lignes de force du champ et l'aimantation est considérable. Le pôle nord est à la gauche du courant, ou du côté où s'échappent les lignes de force, c'est-à-dire du côté où l'on voit le courant tourner en sens inverse des aiguilles d'une montre.

Le fer s'aimante instantanément, mais se désaimante si on fait cesser brusquement le courant. L'acier s'aimante plus difficilement et moins que le fer, mais conserve du magnétisme après le passage du courant. Ces deux effets sont attribués à la *force coercitive* de l'acier. L'étude complète de l'aimantation est très importante.

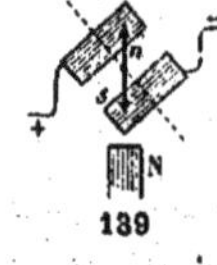

139

Hystérésis. — Pour comprendre comment elle peut être faite, rappelons que le champ uniforme au centre de la spirale a pour valeur $H = 1{,}25nI$ et que le flux par centimètre carré ou l'*induction* B vaut $1{,}25nI$ maxwells. Si on introduit dans la spirale un barreau de fer, le champ prendra une valeur μ fois plus grande, et ce coefficient μ, qui peut varier de 2200 à 1, caractérise la *perméabilité* du fer. Il est moindre pour l'acier et la fonte. L'induction B prend aussi une valeur μ fois plus grande, et cette induction caractérise aussi l'intensité d'aimantation du barreau, mais elle n'est plus mesurée avec la même unité que précédemment, et on démontre que $A = \frac{B}{4\pi}$. Ceci posé, supposons qu'à l'aide de deux axes rectangulaires nous portions en abscisses les valeurs du champ et en ordonnées l'intensité d'aimantation, nous verrons que, si le champ croît de 0 à H, la courbe d'aimantation est OA. Les ordonnées croissent d'abord proportionnellement au champ, puis plus rapidement, et l'aimantation tend vers une limite qui correspond à la saturation. Si le champ décroît lentement de H à 0, la courbe est AB, et l'ordonnée OB mesure le magnétisme rémanent. Si le champ varie de 0 à $-$ H, l'aimantation s'annule pour une valeur $-$ OC du champ et elle mesure la

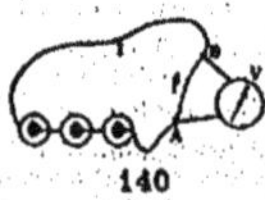

140

Galvanomètres. — Ampèremètre. — Voltmètre.

force coercitive. Pour la valeur $-H$, l'aimantation est exactement contraire à celle qui correspond à $+H$. Enfin, si le champ redevient $+H$ de façon à décrire un cycle, l'aimantation décrit le cycle ACA'C'A, et l'on voit que si le fer a subi une première aimantation, pour une même valeur positive par exemple du champ, l'intensité d'aimantation est moindre la seconde fois que la première. Cette diminution constitue l'*hystérésis* du fer (141). Ces variations alternatives d'aimantation sont une cause importante de perte d'énergie sous forme de chaleur. Enfin avec l'acier les valeurs de l'aimantation sont moindres et la force coercitive beaucoup plus grande.

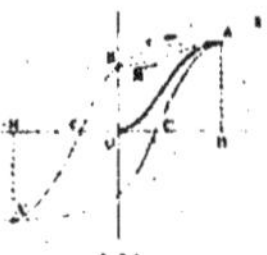
141

Outre le fer, l'acier, la fonte, le nickel et le cobalt s'aimantent aussi, mais plus faiblement ; enfin, le bismuth, l'antimoine, etc., s'aimantent en sens inverse, c'est-à-dire présentent un pôle N à l'entrée des lignes de force du champ magnétisant. On les nomme *substances diamagnétiques*.

On peut remarquer encore que, si on aimante un anneau d'acier avec une spirale magnétisante, il ne manifeste aucun pôle et n'agit pas sur la limaille, de plus son magnétisme se conserve indéfiniment. Des pôles apparaissent si on le brise. On conserve les aimants en fermant aussi leur circuit magnétique au moyen de pièces de fer doux rejoignant les pôles contraires.

Electroaimant. — Les électroaimants sont formés d'un axe en fer doux, courbé en fer à cheval et dont les branches parallèles sont entourées de deux bobines enroulées en sens inverses (142). Le passage d'un courant fait naître deux pôles contraires aux extrémités et une armature voisine est vivement attirée. Si le courant cesse brusquement, l'instabilité du magnétisme rémanent permet au fer doux de se désaimanter, et un ressort antagoniste déplace l'armature en sens inverse. On les utilise notamment pour les sonneries électriques et le télégraphe.

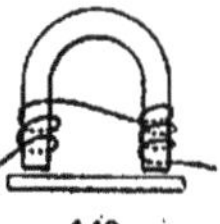
142

REMARQUE. — Si n est le nombre de spires par centimètre d'axe et S la section du fer doux, le champ vaut $1,25nI\mu$, et le flux total $\Phi = 1,25nIS\mu$. Ainsi si $S = 10^{cq}$ et $\mu = 2200$, pour avoir un flux de 10^5 maxwells, il faudrait que $nI = \frac{10^5}{1,25 \cdot 10 \cdot 2200} = 3,6$. Donc avec $n = 6$, $I = 0,6$ ampère.

On peut remarquer qu'un flux étant fermé comme un courant, on peut écrire en remplaçant n par $\frac{N}{l}$, N étant le nombre total de tours et l la longueur de la bobine :

$$\Phi = \frac{1,25NI}{\left(\frac{l}{\mu S}\right)},$$

formule analogue à celle de Ohm et dans laquelle on remplace 1,25NI par F appelée *force magnétomotrice* et le dénominateur par R, appelé *réluctance*. La formule simplifiée devient $\Phi = \frac{F}{R}$ et elle est utilisée pour la construction des électroaimants.

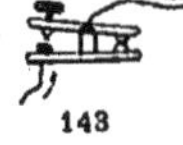
143

Télégraphe. — Pour la télégraphie, il faut comme éléments essentiels à chaque station : 1° une pile constante ; 2° un manipulateur (143) produisant des signaux ; 3° un récepteur (144) pour recevoir ces signaux, et 4° enfin un fil de ligne pour réunir les deux stations. Le manipulateur Morse permet de lancer des courants courts ou longs dans la ligne ; le récepteur les enregistre par des points ou des barres tracés sur une bande de papier. Comme appareils accessoires, on peut citer un petit galvanomètre, le parafoudre, une sonnerie, et quelquefois un relais.

Pour la télégraphie sous-marine, le fil de ligne est un câble ; le manipulateur lance dans la ligne des courants positifs ou négatifs ; le récepteur est un cadre galvanométrique mobile entre les deux pôles d'un électroaimant. Les courants font tourner le cadre dans un sens ou dans l'autre, et le cadre entraîne un petit siphon qui crache de l'encre d'aniline sur une bande de papier et dessine des sinuosités à droite ou à gauche. Ces sinuosités représentent les unes les points et les autres les barres de l'alphabet Morse.

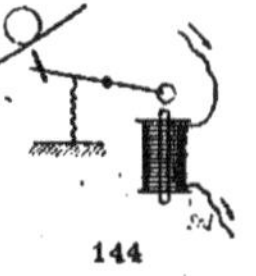
144

Courants d'induction. — Loi fondamentale.

Loi fondamentale. Règle de Maxwell. — Les courants d'induction ont été découverts par Faraday en 1831. *Ils se produisent dans un circuit fermé, toutes les fois que le plan de ce circuit est traversé par un flux magnétique variable, que ce flux provienne d'un aimant ou d'un courant.*

Ainsi, considérons un cadre rectangulaire, relié à un galvanomètre G, et tournant autour d'un axe vertical, perpendiculaire aux lignes de force d'un aimant de façon à pouvoir faire varier le flux qui traverse sa surface. On constatera que, si le flux augmente, le cadre est parcouru par un courant allant dans un certain sens, et, que si le flux diminue, le courant marche en sens contraire. Le sens de ce courant induit est donné par la loi de Maxwell (145).

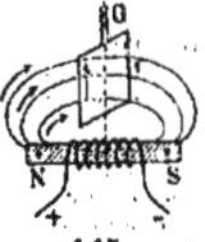

145

Courants d'induction. — Loi fondamentale.

Si on dispose un tire-bouchon suivant les lignes de force, en le tournant dans un sens, il progressera suivant le sens de ces lignes (sens positif), et en le tournant en sens inverse il recule par rapport au sens de ces lignes (sens négatif). La loi s'énonce alors ainsi : *Quand le flux augmente, le sens du courant est négatif ; si le flux diminue, le sens du courant est positif.*

On peut remarquer que le courant induit fait naître dans le cadre un flux qui est contraire au flux inducteur ; d'autre part, le flux qui naît dans le cadre le transforme en un feuillet magnétique, ou en un aimant très mince, et l'aimantation de ce feuillet s'oppose au mouvement du cadre ou au mouvement qui fait naître le courant d'induction (loi de Lenz).

On peut remplacer l'aimant par un solénoïde qui produit le même champ ; dans ce cas, en disposant le plan du circuit normalement aux lignes de force, on pourrait laisser le circuit fixe, et faire varier le champ en faisant varier l'intensité du courant dans le solénoïde.

Force électromotrice d'induction. — Elle est à chaque instant variable ; supposons que, dans un temps très court Δt, il se produise une variation de flux $\Delta\Phi$ dans le cadre rectangulaire tournant, et appelons en outre E et I la force électromotrice et l'intensité du courant d'induction pendant ce temps Δt, on aura :

$$EI\Delta t = \frac{1}{10^8} I\Delta\Phi,$$

ou

$$E = \frac{1}{10^8}\frac{\Delta\Phi}{\Delta t}, \quad \text{formule fondamentale.}$$

Courants de self. Courants de Foucault. — Lorsqu'un courant parcourt une spirale et éprouve des variations d'intensité, la variation de flux correspondante fait naître un courant d'induction dans la spirale même ; on le nomme dans ce cas *courant de self-induction*. Ainsi quand on lance le courant dans la spirale, le courant de self s'oppose à son passage ; quand on le supprime, le nouveau courant de self le renforce. Mais ces deux effets sont à peu près instantanés.

Si une masse métallique se déplace dans un champ un peu puissant, par exemple celui d'un électroaimant, il s'y développe des courants d'induction qui s'opposent à son mouvement et l'arrêtent. On les nomme *courants de Foucault*. Si on entretient le mouvement de la masse métallique, les courants de Foucault l'échauffent. De là un procédé suivi pour mesurer l'équivalent mécanique de la chaleur (Violle).

Si dans le champ terrestre uniforme mais faible (0.44 gauss) on faisait tourner très rapidement un multiplicateur autour d'un axe perpendiculaire aux lignes de force, on obtiendrait un courant d'induction alternatif, le changement de sens ayant lieu quand le flux est maximum ou minimum.

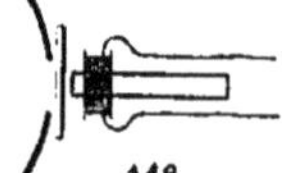

146

Téléphone. — Microphone. — Machine de Gramme.

Téléphone de Bell, sans pile. — Le téléphone de Bell, sans pile, est une machine à courants magnétoélectriques. L'appareil comprend une embouchure, une plaque de fer vibrante *f*, un aimant entouré d'une petite bobine (146). En parlant devant la membrane, elle vibre, se rapproche et s'éloigne de l'aimant en renforçant plus ou moins son magnétisme. De là des courants induits qui, arrivant dans un appareil semblable faisant fonction de récepteur, renforcent plus ou moins le magnétisme du deuxième aimant, et celui-ci, attirant plus ou moins la plaque de fer en regard, la fait vibrer synchroniquement avec la première. La tonalité des sons est conservée, mais il est difficile d'expliquer qu'on perçoive l'articulation de la parole. Avec cet appareil, les courants induits sont extrêmement faibles, et l'on n'a pu correspondre qu'à de très faibles distances.

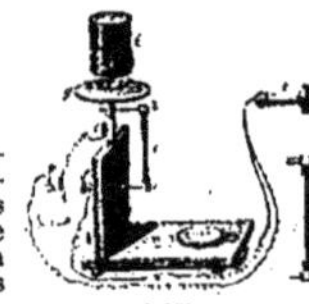

147

Microphone. — Un microphone est constitué par deux blocs de charbon des cornues portant de petites cavités, servant à maintenir des baguettes de charbon parallèles, et assez libres pour pouvoir trembler facilement (147).

L'appareil est fixé à une planchette de bois et il fait partie du circuit d'une pile contenant aussi un téléphone éloigné. Si une montre est posée sur la planchette, les vibrations qu'elle produit font trembler les charbons, l'intensité du courant varie et le bruit de la montre est perçu amplifié dans le téléphone. De même, la parole peut être reproduite.

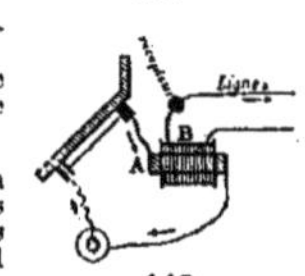

148

Téléphone à pile. — Dans les appareils nouveaux, le parleur comprend la planchette avec son microphone, et le circuit de la pile traverse le microphone, ainsi qu'une petite bobine de Ruhmkorff, dont le secondaire est relié au récepteur et à la ligne. Les vibrations de la parole font trembler le microphone, le courant varie dans le primaire, et le secondaire donne naissance à des courants induits qui peuvent se propager très loin. Le récepteur est modifié. Son aimant est recourbé et a deux pôles qui agissent sur la membrane de fer (148). Il y a toujours un fil de retour, contrairement à la télégraphie.

Machine de Gramme.

Machine de Gramme génératrice. — 1° *Machine génératrice.* — Elle est composée d'un aimant en fer à cheval, entre les pôles duquel est une cavité cylindrique, occupée par un anneau formé de plaques de tôle superposées, et entouré d'un grand nombre de tours de fil en spirale. L'entrefer est la partie étroite comprise entre les pôles et l'anneau. Le flux passe du pôle N au pôle S en se divisant en deux parties égales qui suivent les deux moitiés de l'anneau comme l'indique la figure 149, et aucune trace de flux ne passe à l'intérieur.

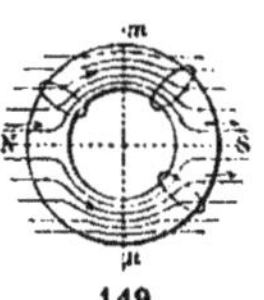

149

Considérons une spire qui, partant de N, fait le tour de l'anneau. De N en *m* le flux croît et le courant induit dans la spire est négatif. De *m* en S, le flux décroît et le courant induit devient positif ; de S en *n* le flux devient négatif et continue à décroître, le courant garde le même sens positif ; enfin, de *n* en N, le flux de négatif devient nul, par suite croît, et le courant change de sens en prenant celui qu'il avait de N en *m*. En réalité, c'est l'anneau qui entraîne la spire, mais, comme les lignes de force restent identiques malgré ce mouvement, l'effet produit sur la spire reste aussi le même.

L'anneau est entouré par des spirales, 40 par exemple, et le fil qui termine l'une communique avec celui qui commence l'autre par une pièce rayonnante en cuivre ; ces pièces, isolées les unes des autres et recourbées à angle droit, forment un cylindre ou *collecteur*, sur lequel appuient deux balais en charbon suivant le diamètre *mn*. Les 20 spirales de droite suivant *mSn* sont le siège de forces électromotrices différentes, mais de même sens et qui s'ajoutent, comme pour 20 piles différentes montées en série. Supposons le pôle positif au balai *b* et le pôle négatif en *b'* (150). Les 20 spirales de gauche sont parcourues par des courants inverses, elles forment une nouvelle série identique à l'autre, ayant encore son pôle positif en *b* et son pôle négatif en *b'*. Les balais recueillent donc les courants des deux moitiés de l'anneau et les versent dans le circuit extérieur.

150

Quand une spirale franchit *m* en passant de gauche à droite, le courant s'y annule pour prendre un sens contraire, le courant de self direct qui s'y développe fait que le courant ne s'y annule réellement que suivant une ligne inclinée dans le sens de la rotation. Les balais sont donc calés obliquement, et on détermine leur position de façon à obtenir le moins possible d'étincelles.

Force électromotrice. — La force électromotrice de la machine est la différence de potentiel des balais ou d'une moitié de l'anneau. Soit Φ le flux total de l'aimant, N le nombre de tours de l'anneau par seconde, *n* le nombre total des spires. Une spire

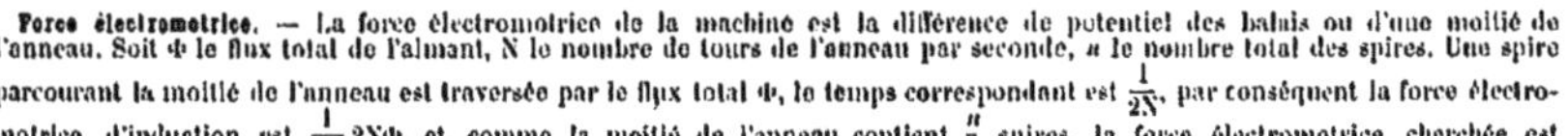

parcourant la moitié de l'anneau est traversée par le flux total Φ, le temps correspondant est $\frac{1}{2N}$, par conséquent la force électromotrice d'induction est $\frac{1}{10^8} 2N\Phi$, et, comme la moitié de l'anneau contient $\frac{n}{2}$ spires, la force électromotrice cherchée est $E = \frac{1}{10^8} Nn\Phi$ volts.

Quant à l'intensité I du courant, on l'obtient par la formule de Ohm relative à la pile $I = \frac{E}{R + r}$, R résistance du circuit extérieur et r résistance intérieure de la pile. Ici, r représente le quart de la résistance totale de l'anneau.

2° *Machine fonctionnant comme réceptrice ou comme moteur.* — Quand une génératrice est actionnée par une machine à vapeur, les courants produits dans l'anneau font naître des forces électromagnétiques qui s'opposent au mouvement. La partie de chaque spire située dans l'entrefer est traversée par les lignes de force du champ, et, si on y dispose l'observateur d'Ampère en le tournant de manière qu'il regarde dans la direction des lignes de force qui coupent la spire, sa gauche est dans le sens opposé à la rotation.

Supposons donc deux machines de Gramme identiques, leurs balais calés de la même façon, l'une fonctionnant comme génératrice et envoyant son courant dans la réceptrice, mais de manière que son anneau soit parcouru par les mêmes courants. Cette réceptrice sera le siège des mêmes forces électromagnétiques, et, comme son anneau est libre, il tournera en sens inverse de celui de la génératrice. Ainsi la machine de Gramme est réversible et peut servir de moteur (151). Si E est la f. é. m. de la génératrice, E' la force contre-électromotrice de la réceptrice, r, r' et ρ leurs résistances et celle des câbles, on a :

$$I = \frac{E - E'}{r + r' + \rho}.$$

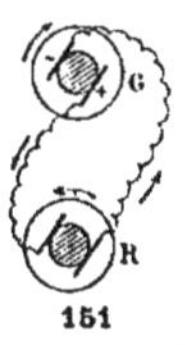

151

Comme on l'a vu, le travail EI de la réceptrice est maximum pour $E' = \frac{E}{2}$ ou quand elle tourne deux fois moins vite que la génératrice.

Dynamos. — Si on remplace l'aimant par un électroaimant, la machine devient plus puissante et se nomme dynamo. On peut exciter l'électro avec le courant même qui sort de l'anneau par les balais, ou bien avec une dérivation prise sur les balais, ou encore par les deux moyens à la fois (excitation compound). Dans tous les cas la machine s'amorce d'elle-même, car l'électro conservant toujours du magnétisme rémanent produit un courant dans l'anneau, celui-ci renforce l'électro, et ainsi de suite.

La dynamo est également réversible, mais ici, que le courant de la génératrice arrive à l'un des balais ou à l'autre, on renverse le courant à la fois dans l'électro et dans l'anneau, et le sens de la rotation reste le même.

Pour avoir de grandes forces électromotrices sans faire tourner l'anneau très vite, on construit des machines multipolaires. Ainsi une machine à 6 pôles aurait trois électroaimants autour de l'anneau, et donnerait pour la même vitesse une force électromotrice trois fois plus grande qu'avec deux pôles. Les six balais peuvent donner trois circuits distincts, mais on peut aussi réunir les balais pour ne faire qu'un circuit.

Transport de l'énergie. — La machine de Gramme a permis de résoudre le problème du transport de l'énergie. On peut utiliser une chute d'eau pour actionner une génératrice avec la moindre dépense possible, puis transmettre le courant par un câble à la réceptrice.

Si on veut transporter 50 kilowatts à 1 kilomètre avec une perte de 10 p. 100 en employant un courant de 500 ampères, la résistance du câble devrait valoir 0ω,02, et il coûterait 80000 francs. Si le courant n'est que de 50 ampères, il ne coûtera plus que 800 francs. Ceci montre que, pour diminuer les pertes par l'effet Joule, il faut employer des courants faibles. Aujourd'hui, on utilise les courants alternatifs. La génératrice, nommée dans ce cas *alternateur*, donnera par exemple 2000 volts et 25 ampères efficaces. Un transformateur portera la tension à 30000v et le courant touchera à $\frac{5}{3}$ d'ampère. Le câble pourra alors être un fil de cuivre fin très peu coûteux, mais en revanche l'isolement devra être parfait. Dans ces conditions, on fait des transports économiques d'énergie jusqu'à 500 kilomètres de distance.

Exercices.

1. — Un conducteur circulaire est formé de 25 spires de 8c de rayon et traversé par un courant de 4 ampères. Au centre se trouve un pôle d'aimant de 20 unités. Que vaut la force électromagnétique exercée sur ce pôle?

$$F = \frac{1}{10} \cdot \frac{2\pi}{r} \cdot I = \frac{1}{10} \frac{2\pi}{8} 25 \times 4 \times 20 = 50\pi \text{ dynes.}$$

2. — Que vaut le champ au centre d'une longue spirale ayant 50c de longueur, 600 spires, et parcourue par un courant de 2 ampères? Que devient ce champ et que vaut le flux d'induction si la bobine est remplie par un barreau de fer de 5cq de section et de perméabilité 600? Que vaut l'intensité d'aimantation du barreau?

$$H = 1{,}25 \frac{600}{50} \cdot 2 = 30 \text{ gauss} \qquad H' = 1{,}25 \frac{600}{50} 2 \times 600 = 18000 \text{ gauss.}$$

$$\text{flux} = 18000 \times 5 = 90000 \text{ maxwells.}$$

$$\text{A intensité d'aimantation} = \frac{H'}{4\pi} = \frac{18000}{4\pi}.$$

3. — Une bobine de 50c porte 500 spires et est traversée par un courant de 0,016 ampère. Son axe est perpendiculaire au méridien magnétique et contient une aiguille aimantée dont les pôles valent 20 unités. Quelle sera la position d'équilibre de cette aiguille dans le champ terrestre dont la composante horizontale est 0,2 gauss?

Un des pôles de l'aiguille est soumis à deux forces, l'une :

$$F = 1{,}25 \frac{500}{50} \times 0{,}016 \times 20 = 4 \text{ dynes,}$$

l'autre :

$$F' = 0{,}2 \times 20 = 4 \text{ dynes.}$$

Donc :

$$\operatorname{tg} \alpha = \frac{4}{4} = 1 \qquad \alpha = 45^\circ.$$

4. — Un ampèremètre a une résistance de 10ω et est gradué de 0 à 5 ampères. Quelles sont les résistances des shunts à introduire pour qu'il puisse servir de 0 à 50 ampères ou de 0 à 100 ampères?

Dans le premier cas, il ne devra passer dans l'appareil que le $\frac{1}{10}$ du courant, donc la résistance du shunt sera $\frac{10}{9}$ ω. Dans le second, il ne devra passer que le $\frac{1}{20}$ du courant et la résistance du shunt sera $\frac{10}{19}$ ω.

5. — Une génératrice Gramme a une puissance de 10 kilow. et une f. é. m. de 500v. On veut transporter cette énergie à 10 kilomètres avec une perte de 15 p. 100 par un câble de cuivre, de résistivité 2μ; quelle doit être sa section?

L'intensité du courant est 20 ampères, la perte 1500 watts, par suite :

$$\rho I^2 = 1500 \quad \text{et} \quad \rho = 3\omega{,}75;$$

d'autre part, la section S sera donnée par :

$$3{,}75 = \frac{2}{10^6} \times \frac{2 \times 10^6}{S}, \quad \text{d'où} \quad S = 1^{cq}{,}066.$$

6. — On a transporté à 10 kilomètres une force de 100 chevaux avec une perte de 20 p. 100. La génératrice a une résistance de 1/4 de ohm et une f. é. m. de 500v. Quelle est la section du câble de cuivre, sachant que 10m de fil de 1mm de diamètre ont une résistance de 0,2 ohm.

La génératrice doit développer 125 chevaux, et l'on doit avoir :

$$125 \times 736 = 500 I; \quad \text{d'où} \quad I = 184 \text{ ampères.}$$

Si ρ est la résistance du câble, on a :

$$\left(\rho + \frac{1}{4}\right) \overline{184}^2 = 25 \times 736; \quad \text{d'où} \quad \rho = 0\omega{,}29;$$

d'autre part, 20 kilomètres de fil de 1^{mm} de diamètre ont une résistance de 400ω, donc, si d est le diamètre du câble, on a :

$$\frac{\rho}{400}=\frac{\pi\cdot 1^2}{\pi d^2},\quad d^2=\frac{100}{\rho}=1318 \quad \text{et} \quad d=36^{mm}.$$

7. — Dans un transport d'énergie la génératrice donne 100 kilow. et la réceptrice en reçoit 95. La f. é. m. de la génératrice étant 1000^v, quelle est celle de la réceptrice ? quelle est l'intensité du courant, la résistance de la ligne, son poids, sachant que la distance des stations est 5 kilomètres, la densité du cuivre 8,8 et sa résistivité $1\mu,6$? (*Nice*, 1905.)

$$1000\,I=100\,000^w. \qquad I=100 \text{ ampères.}$$

Si e est la f. é. m. de la réceptrice, on a :

$$eI=95\,000 \qquad e=950^v.$$

D'autre part : $\quad I=\frac{E-e}{R}\quad$ ou $\quad 100=\frac{50}{R}$; d'où $\quad R=\frac{1}{2}\omega.$

D'ailleurs : $\quad \frac{1}{2}=\frac{1.6}{10^6}\frac{10^4}{S},\quad$ et $\quad S=3^{cq},2.$

$$\text{Poids du câble}=3,2\times 10^6\times 8,8^g=28\,160 \text{ kilog.}$$

8. — On veut transporter une énergie de 12 chevaux avec un courant de 3 ampères ; la résistance totale du câble et des machines étant 25ω. Quelles seront les forces électromotrices de la génératrice et de la réceptrice ?

$$eI=12\times 736 \quad \text{et} \quad I=\frac{E-e}{25};$$

on en déduit :

$$e=\frac{12\times 736}{3}=2944^v \quad \text{et} \quad 25\times 3=E-2944^v,\quad E=3019^v.$$

9. — Un transformateur reçoit dans son premier circuit un courant de 10 ampères sous 550 volts. Sachant que la transformation rend la force électromotrice cinq fois plus faible, et que d'autre part le rendement est 90 p. 100, quelle sera l'intensité du courant recueilli au deuxième circuit ?

L'énergie développée dans le premier circuit est $10\times 550=5500$ watts. Le deuxième circuit ne restitue que $5500\times\frac{9}{10}=4950$ watts. Et, puisque la tension devient $\frac{550}{5}=110$ volts, l'intensité du courant sera $\frac{4950}{110}=45$ ampères.

10. — Une machine de Gramme de force électromotrice 500^v envoie un courant de $12^a,5$ dans un circuit de résistance totale 20ω. Ce circuit contient une réceptrice qui produit un travail T. Montrer que ce travail est maximum, donner sa valeur en chevaux et la valeur du rendement. (*Paris*, 1906.)

On applique la relation $I=\frac{E-e}{R}$, et elle donne $eI=\frac{e(E-e)}{R}$. La puissance eI de la réceptrice est maximum pour $e=\frac{E}{2}$, ou pour $I=\frac{E}{2R}$. Or, $\frac{E}{R}=25$ ampères et le courant $I=12^a,5$.

Donc aussi $T=12,5\times 250=3125$ watts $=4^{ch},24$.

Le rendement $R=\frac{1}{2}$.

11. — Une chute d'eau débitant 418 litres d'eau par seconde et tombant de 100^m actionne une dynamo dont le rendement est de 80 p. 100. Quelle est sa puissance en watts ? La résistance de la dynamo est le $\frac{1}{9}$ de celle du circuit extérieur, et celui-ci est immergé dans un calorimètre, et on demande quel doit être le débit du courant d'eau entrant dans le calorimètre pour que l'eau arrivant à 0° sorte à 100°. (*Marseille*, 1905.)

La puissance de la dynamo est : $418\times 100\times 9,81\times\frac{80}{100}=418\times 784,8$ watts.

Cette puissance correspond à 78480 petites calories dont les $\frac{9}{10}$ se dégagent dans le circuit extérieur, c'est-à-dire le nombre 70632. Pour que l'eau s'échauffe de 0° à 100° par seconde, il doit en circuler $706^{cc},32$ par seconde.

12. — On relie une pile de Daniell à un galvanomètre par l'intermédiaire d'une résistance de 300 ohms, et la déviation est de 40 degrés. En la doublant, la déviation tombe à 30 degrés. On répète l'expérience avec une pile de Bunsen et, pour obtenir les mêmes déviations, il faut des résistances de 560 et 1100 ohms. Trouver le rapport des forces électromotrices des deux piles. (*Nancy*, 1898.)

Appelons E et E' les forces électromotrices cherchées, et i et i' les intensités des deux courants, ρ la résistance du galvanomètre et r et r' celles des éléments ; on a :

$$i=\frac{E}{\rho+r+300} \quad \text{ou} \quad \rho+r+300=\frac{E}{i};$$

de même, $\quad i'=\frac{E}{\rho+r+600} \quad$ ou $\quad \rho+r+600=\frac{E}{i'};$

par suite, $\quad 300=E\left(\frac{1}{i'}-\frac{1}{i}\right).$

Avec l'élément Bunsen, on aurait de même :

$$540=E'\left(\frac{1}{i'}-\frac{1}{i}\right),$$

d'où $\quad \frac{E}{E'}=\frac{300}{540}=\frac{5}{9}.$

13. — Une machine de 100 chevaux alimente 52 arcs pour lesquels $e=58^v,8$ et $i=18^a,5$. La résistance des conducteurs, y compris celle de la dynamo, est 22 ohms. Quelle est la force électromotrice totale et le rendement électrique ?

$$E=52\times 58,8+18,5\times 22=3465 \text{ volts.}$$

Energie dépensée $52\times 18,5\times 58,8+22\times\overline{18,5}^2=64048$ watts.

Rendement : $\quad \frac{64048}{100\times 736}=0,87.$

14. — Aux deux bornes d'une usine dont la différence de potentiel est 110^v est relié un moteur par des fils qui ont une résistance de 1ω et le courant est de 20 ampères. Sachant que le rendement mécanique du moteur est 80 p. 100, la perte étant due à l'effet Joule, quelle est la puissance du moteur, et sa résistance?

(*Aix*, 1901.)

Si e est la force contre-électromotrice du moteur, on a :

$$EI = RI^2 + eI \quad \text{ou} \quad E = RI + e, \quad 110 = 1 \cdot 20 + e \quad \text{et} \quad e = 90^v.$$

D'autre part, l'énergie du moteur est 90×20, et le $\frac{1}{5}$ de cette énergie est perdue par l'effet Joule :

$$90 \times 4 = R \times \overline{20}^2, \quad \text{d'où} \quad R = \frac{9}{10}.$$

15. — Un aimant cylindrique de $0^{cm},25$ de rayon possède une induction de 500 maxwells. On demande de déterminer son intensité d'aimantation, son moment magnétique, et la masse magnétique d'un de ses pôles, sachant que sa longueur est 30^{cm}.

16. — Un barreau de fer est enfermé dans une spirale de 40^{cm} de long et contenant 320 spires parcourues par un courant de 2 ampères. La section du barreau étant de 3^{cq} et le flux qu'il émet valant 60000 maxwells, quelle est la perméabilité du fer?

17. — Une spirale de 10^{cm} de long et formée de 320 spires est remplie par un barreau de fer de section 5^{cq} et de perméabilité 1800. Un courant de 0,5 ampère parcourt la spirale. Un petit cadre circulaire formé de 10 spires est placé au milieu et autour de la spirale, puis brusquement éloigné en dehors de la spirale en $\frac{1}{10}$ de seconde. Calculer la f. é. m. du courant d'induction ainsi développé.

Mouvements périodiques.

Acoustique.

Définition. — Un mouvement est dit périodique quand il se reproduit, d'une manière identique, au bout d'un temps constant appelé *période* du mouvement. La *fréquence* est le nombre des périodes par seconde. Si T est la période et N la fréquence, on a $NT = 1$ et $N = \frac{1}{T}$.

Ex. : Mouvement d'un pendule, mouvement du piston d'une machine, etc.

152

Inscription graphique d'un mouvement. — L'étude des diverses phases d'un mouvement périodique se fait par l'inscription graphique de ce mouvement. — Pour un pendule on dispose au-dessous de celui-ci un style touchant une lame de verre enduite de noir de fumée, et qu'on déplace uniformément, dans une direction perpendiculaire au plan d'oscillation. On obtient ainsi une *sinusoïde*. De même, avec un diapason, et quoique l'amplitude décroisse, la période reste constante et les oscillations sont aussi isochrones (152).

Le véritable appareil d'inscription graphique est le cylindre enregistreur. Ce cylindre tourne uniformément autour de son axe, sous l'action d'un mouvement d'horlogerie, et il communique son mouvement à une vis qui lui est parallèle. La vis porte un écrou auquel on fixe le corps, muni d'un style qui appuie sur une feuille de papier enduite de noir de fumée, et enroulée sur le cylindre. Le style se déplace suivant les génératrices et inscrit les espaces; pour avoir les temps, on peut employer un second diapason étalonné, faisant par exemple 200 vibrations à la seconde et qui donnera par les sinuosités de sa courbe le $\frac{1}{200}$ de seconde (153). On peut même, avec une capsule manométrique munie d'un style, enregistrer les vibrations produites par un gaz et les battements du cœur (Chauveau) (154).

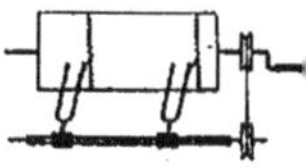

153

Vibrations longitudinales et transversales. — Quand une pierre tombe dans l'eau, elle donne naissance à une série de rides circulaires, alternativement saillantes et creuses et qui se propagent à la surface en augmentant de rayon. Il n'y a pas transport de liquide, mais simple déformation de la surface. Des bouchons, équidistants sur un même rayon, sont atteints par l'onde de front au bout de temps égaux; le mouvement est donc uniforme, et on peut même ainsi mesurer sa vitesse V. On appelle longueur d'onde λ la distance de deux crêtes successives par exemple, et si n est le nombre de crêtes qui passent au même point en une seconde, on a $V = n\lambda$, formule fondamentale. On a dans ce cas des *vibrations transversales* par rapport au sens de propagation; il en est de même avec un tube de caoutchouc tendu, qu'on déforme par un choc perpendiculaire à sa longueur.

Si une lame métallique choque l'air à l'origine d'un tuyau, en effectuant un brusque déplacement, en $\frac{1}{340}$ de seconde par exemple, le mouvement se transmettra au tuyau comme le choc d'une locomotive contre une rame de wagons : la locomotive, arrêtée par le choc, transmet son mouvement au premier wagon qui, lui, le transmet au second en s'immobilisant, et ainsi de suite. De même la compression se transmettra à l'air du tuyau jusqu'à une distance de 1 mètre, puis cette colonne comprimée la transmettra à une autre colonne de 1 mètre en revenant au repos, et ainsi de suite. On a alors des vibrations longitudinales, c'est-à-dire s'effectuant dans le sens de la propagation, et il en serait de même d'un ressort dont on déformerait quelques spires à l'un des bouts.

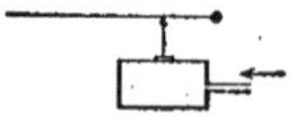

154

Mouvements périodiques.

Propagation d'un mouvement vibratoire. — La chute d'une pierre dans l'eau provoque en réalité un mouvement périodique dont l'amplitude diminue vite ; néanmoins, on constate avec un bouchon flotteur que tous les points de la surface effectuent les mêmes oscillations à une différence de phase près. Supposons qu'à l'origine du tuyau précédent la lame métallique effectue des mouvements d'aller et de retour en $\frac{1}{340}$ de seconde, avec la même série de vitesses qu'un pendule. Dans le premier déplacement vers le tuyau, la première tranche d'air de 1^m aura ses diverses tranches animées des vitesses successives de la lame ; dans le déplacement inverse de la lame, ces mêmes vitesses se communiqueront aux tranches de la colonne suivante de 1^m, mais celles de la première prendront des vitesses contraires à celles qu'elles avaient reçues. Enfin, au début du troisième mouvement, la tranche d'air origine du tuyau, et la tranche située à 2^m, vont prendre les mêmes mouvements, de sorte que la longueur d'onde est 2^m. En résumé, *la même tranche d'air du tuyau prend la série des vitesses de la lame, et deux tranches distantes de 2^m ont, à chaque instant, les mêmes vitesses ou sont en phase.*

Interférences. Ondes stationnaires ou fixes. — Lorsque deux mouvements vibratoires se superposent, on dit qu'il y a *interférence.*

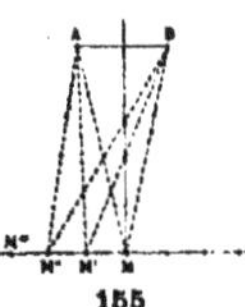
155

1° Si on fait tomber simultanément deux pierres dans l'eau en deux points A et B, il naîtra deux systèmes d'ondes qui s'entre-croiseront et continueront leur route sans se gêner mutuellement. En un point donné de la surface la différence de niveau sera la somme algébrique des différences de niveau dues aux deux ondes. Ainsi, pour un point M' tel que l'on ait $M'B - M'A = K\lambda$, les mouvements vibratoires arriveront concordants, et les molécules d'eau seront soulevées ou abaissées par les deux systèmes d'ondes. Pour un point M'' tel que $M''B - M''A = (2K+1)\frac{\lambda}{2}$, les mouvements sont en désaccord et les molécules restent au repos (155).

2° Quand des ondes sonores frappent un mur vertical normalement, elles sont réfléchies, et l'onde directe, se superposant à l'onde réfléchie, donne naissance à des *ondes stationnaires.* Avec une membrane munie d'un petit pendule on peut constater que les diverses couches d'air vibrent plus ou moins fort ; les tranches qui ne vibrent pas sont des *nœuds*, celles qui vibrent le plus fort sont des *ventres.* Deux ventres sont distants de $\frac{\lambda}{2}$; contre le mur est un nœud, et la distance d'un nœud au ventre voisin est $\frac{\lambda}{4}$. D'ailleurs, si on considère deux tranches quelconques distantes de $\frac{\lambda}{2}$, les vitesses qu'elles auront au même instant sous l'action de l'onde directe seront égales et de signes contraires ; il en est de même des vitesses dues à l'onde réfléchie, donc leurs déplacements seront toujours égaux et de sens contraires. S'il s'agit de deux ventres, on comprend que l'air qui est au nœud intermédiaire sera alternativement comprimé ou dilaté.

Ces conséquences peuvent se vérifier avec un tuyau sonore fermé et muni de capsules manométriques à gaz ; ou bien en faisant trembler avec la main un tuyau de caoutchouc tendu fixé à l'un des bouts où se produit la réflexion ; ou encore avec un long ressort fixé à l'une des extrémités, tandis que l'autre est excitée par un diapason. Dans ces deux derniers cas, les nœuds et les ventres sont perçus par l'œil.

Il est à remarquer qu'avec un tuyau ouvert aux deux bouts, les vibrations produites à une extrémité se réfléchissent quand même à l'autre, mais sans changement de signes pour les vitesses, de sorte qu'on a encore des nœuds et des ventres, l'extrémité libre étant toujours au ventre.

Résonance. — On appelle résonance le mouvement périodique qu'on peut communiquer à un corps par suite d'une série de faibles impulsions convenablement rythmées. — Ainsi, pour le mouvement d'une balançoire, d'une cloche, d'un pont suspendu, etc.

156

Supposons encore que deux pendules de même longueur A et B soient suspendus à un même support. En mettant A en mouvement, B sera peu à peu entraîné et ils arriveront à faire des oscillations de même amplitude. Si les deux longueurs sont un peu différentes, B est encore entraîné, puis les impulsions de A ne concordent plus avec le mouvement de B et il s'arrête, pour recommencer à se mouvoir et ainsi de suite. On a alors des *battements.* Quand une caisse sonore contient un volume d'air pouvant vibrer synchroniquement avec un diapason, l'air entre instantanément en vibration, et la caisse constitue un résonnateur. — Les résonnateurs d'Helmholtz sont des sphères creuses où l'air n'entre en vibration que pour un seul son (156).

Nature du son. — Sa vitesse. — Ses qualités : hauteur, intensité, timbre.

Nature du son. — Le son résulte d'un mouvement vibratoire des molécules d'un corps élastique. On montre ces vibrations : 1° avec une corde tendue fixée à ses deux extrémités ; 2° avec une tige d'acier fixée par une de ses extrémités dans un étau ; 3° avec un timbre de bronze que l'on fait vibrer avec un archet et qui projette une bille d'ivoire suspendue par un fil et touchant ses bords ; 4° avec une plaque métallique fixée en son centre ; 5° avec un tuyau sonore à parois de verre et dans lequel on introduit une membrane saupoudrée de sable.

Vitesse du son. — Pour se propager, le son exige une série de milieux élastiques interposés entre l'oreille et le corps sonore. Aussi le son ne se propage pas dans le vide, mais l'air, les gaz, les vapeurs, les solides et les liquides transmettent le son. La vitesse du son est uniforme, et, dans l'air en particulier, elle a été mesurée en 1822 entre Villejuif et Montlhéry. On trouva 341 mètres à la seconde à la température de 15°,9. Mais elle dépend de la température qui fait varier la densité de l'air, et, entre la vitesse V à $t°$ et la vitesse V_o à 0°, on a : $V = V_o\sqrt{1 + \alpha t}$. Pour les gaz, les meilleures mesures sont dues à Regnault ; il s'était servi de longs tuyaux de fonte qu'il remplissait de divers gaz à la température ambiante variable. Le temps de la propagation était enregistré électriquement. Il a trouvé : 1° que la vitesse du son croît avec la température comme pour l'air, et qu'à la même température la vitesse dans un gaz de densité d, comparée à la vitesse dans l'air, est donnée par :

$$V_{gaz} = V_{air}\sqrt{\frac{1}{d}}.$$

Pour l'eau, la mesure directe de la vitesse du son a été faite en 1827 par Colladon et Sturm sur le lac de Genève. Ils trouvèrent à 8° 1435ᵐ par seconde.

Pour les solides, la vitesse est trop grande pour expérimenter directement. On la déduit d'une formule donnée par Newton, et on trouve 5100ᵐ pour le fer, 6000ᵐ pour le sapin, etc.

Réflexion et réfraction du son. — Une source sonore envoie des ondes sphériques autour d'elle, et un rayon de cette sphère peut être considéré comme un rayon sonore. Ces rayons se réfléchissent sur des surfaces planes ou courbes comme la lumière. Si en effet on cherche la position du foyer conjugué d'un point lumineux placé devant un miroir concave, en remplaçant ce point par une montre, les ondes réfléchies se concentrent au foyer conjugué. La réflexion s'opère sur des surfaces non polies, des murs, des nuages, des flancs de montagne, et c'est de là que résultent les échos.

Le son se réfracte aussi comme la lumière, mais le son passant de l'air dans l'eau s'écarte de la normale puisque sa vitesse est plus grande dans l'eau que dans l'air.

Intensité du son. — Un son possède trois qualités qui se manifestent par les impressions physiologiques différentes qu'il produit sur l'oreille. Ces qualités sont l'*intensité*, la *hauteur* et le *timbre*. Elles sont dues à la vibration qui caractérise ce son. *L'intensité dépend de l'amplitude de la vibration*, et elle est proportionnelle au carré de cette amplitude, ce qu'on pourrait prouver facilement avec des cordes vibrantes. Elle dépend en outre d'autres causes étrangères au corps sonore. Ainsi : 1° elle varie en raison inverse du carré de la distance à l'oreille de l'observateur ; 2° elle dépend de la densité du milieu ambiant ; 3° elle est influencée par la direction du vent ; 4° elle est augmentée par le voisinage d'un résonnateur ; 5° l'intensité est conservée si le son se propage dans un tuyau cylindrique (tubes acoustiques).

Hauteur des sons. Gammes. — La *hauteur du son dépend de la période*, ou du nombre des vibrations par seconde. On peut compter ces vibrations : 1° PAR LA MÉTHODE GRAPHIQUE avec le cylindre enregistreur. Si le corps est solide, on peut toujours lui adapter un style et compter le temps avec un diapason étalonné vibrant en même temps que lui. Mais la méthode peut aussi s'appliquer à un gaz ou à un tuyau sonore. On remplacera le tuyau par un diapason à sons variables (157) et on déplacera les masses pesantes de façon à obtenir l'unisson parfait avec le tuyau, de sorte que le diapason inscrira le même nombre de vibrations que le tuyau.

157

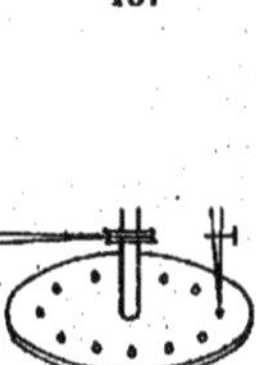

158

2° AVEC LA SIRÈNE. L'appareil consiste essentiellement en un disque pouvant tourner autour de son axe et portant 20 trous, par exemple, également espacés suivant une circonférence. Un ajutage amène un jet d'air comprimé en face de ces trous. Quand un trou passe sous l'ajutage, l'air extérieur fait une vibration double, donc il fera 20 vibrations doubles par tour du disque, et, si le disque fait n tours par seconde, la hauteur du son rendu correspond à n.20 vibrations (158). Il suffit donc de mettre l'appareil à l'unisson du son à étudier, mais la méthode est défectueuse, parce qu'il est difficile de maintenir absolument constante la vitesse de rotation une fois l'unisson atteint, et aussi de compter exactement le temps pendant lequel l'unisson est maintenu. — Le nombre n des tours est donné par un compteur de tours, engrené sur l'axe du disque par une vis sans fin.

Si on étudie ainsi les notes de la gamme naturelle, on trouve que leurs nombres de vibrations sont entre eux comme 1, $\frac{9}{8}$, $\frac{5}{4}$, $\frac{4}{3}$, $\frac{3}{2}$, $\frac{5}{3}$, $\frac{15}{8}$, 2. Leurs nombres sont réglés par celui du *la*, qui fait 435 vibrations à la seconde. Les rapports des vibrations de deux notes consécutives constituent les *intervalles* de ces notes. On trouve ainsi : $\frac{9}{8}$, $\frac{10}{9}$, $\frac{16}{15}$, $\frac{9}{8}$, $\frac{10}{9}$, $\frac{9}{8}$, $\frac{16}{15}$. Les rapports $\frac{9}{8}$ et $\frac{10}{9}$ s'appellent intervalle d'un ton, le rapport $\frac{16}{15}$ intervalle d'un demi-ton. Mais la musique emploie encore des notes diésées dont la hauteur est augmentée dans le rapport $\frac{25}{24}$, et des notes bémolisées ou diminuées dans le rapport $\frac{24}{25}$. Pour les instruments à sons fixes, on emploie une gamme tempérée divisée en douze intervalles égaux à $\sqrt[12]{2} = 1,06$ et dont les notes sont :

do — do♯ré♭ — ré — ré♯mi♭ — mi fa♭ — mi♯fa — fa♯sol♭ — sol — sol♯la♭ — la — la♯si♭ — si do♭ — si♯do.

Mouvements périodiques.

Timbre des sons. — La troisième qualité d'un son est son timbre, résultant de la *forme de la vibration*. En effet, une même note rendue par deux instruments différents produit sur notre oreille une impression différente; ceci provient de ce que ces notes sont des sons complexes résultant de la superposition de plusieurs sons simples dont le plus grave est la note fondamentale, tandis que les autres plus aigus et moins intenses en sont les *harmoniques*. Une oreille exercée peut discerner plusieurs de ces harmoniques, mais on y parvient plus sûrement en écoutant ces notes avec une série de résonnateurs d'Helmholtz, et on reconnaît qu'ils ne sont pas les mêmes pour les deux notes. De là une différence d'accompagnement et différence d'impression. On pourrait aussi munir les résonnateurs d'une capsule manométrique à flamme (159) et, en examinant la flamme dans un miroir tournant, on verra si elle est agitée ou tranquille, et par suite si le résonnateur vibre. Helmholtz a pu non seulement faire l'analyse des sons, mais il a pu les reproduire par synthèse avec leur timbre propre au moyen d'un assemblage de diapasons donnant isolément un son simple.

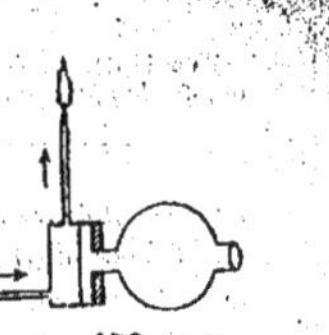

159

Lois des vibrations des cordes.

Lois des vibrations des cordes. — Les lois des vibrations des cordes sont comprises dans la formule établie théoriquement : $n = \frac{1}{2rl}\sqrt{\frac{gM}{\pi d}}$.

1° *Le nombre des vibrations d'une même corde est en raison inverse de sa longueur.*
2° *Pour des cordes de même longueur, de même nature et également tendues, les nombres des vibrations sont en raison inverse de leurs rayons.*
3° *Pour une même corde, le nombre des vibrations est proportionnel à la racine carrée du poids tenseur.*
4° *Pour des cordes de même longueur, de même rayon et également tendues, les nombres des vibrations sont en raison inverse de la racine carrée de leurs densités.*

Ces lois se vérifient avec le sonomètre, où il est facile de placer plusieurs cordes et de faire varier leurs longueurs ou les poids tenseurs.

Ainsi, pour la première loi, une corde suffit. On la fait vibrer dans toute sa longueur l, puis on réduit sa longueur l' à l'aide d'un chevalet mobile. Si avec une sirène on évalue les nombres de vibrations n et n' des deux sons, on constate que l'on a : $\frac{n}{n'} = \frac{l'}{l}$.

De même pour la troisième loi, si n et n' sont les nombres de vibrations pour deux masses M et M', on a : $\frac{n}{n'} = \sqrt{\frac{M}{M'}}$.

Pour les deux autres lois, on opérerait de même, mais avec deux cordes différentes, soit par leurs diamètres, soit par leur nature.

Ces lois sont appliquées avec les instruments à corde qui peuvent donner des sons bien différents si on change leurs longueurs, leurs diamètres, leurs tensions ou leur nature (violon, piano, harpe).

Le son d'une corde est complexe, car, tout en vibrant dans toute son étendue, elle se segmente en parties aliquotes vibrant isolément. On le montre avec l'expérience de Melde, qui consiste à entretenir les vibrations d'une corde à l'aide du marteau d'une sonnerie électrique, et, suivant sa tension, elle se segmente en 2, 3, 4... parties, donnant l'apparence bien manifeste de ventres et de nœuds.

Tuyaux sonores. — Lois.

Tuyaux sonores. Définition. — Les tuyaux sonores sont des prismes ou des cylindres de bois, à section étroite, et pleins d'air que l'on met en vibration par l'une des extrémités. On peut employer l'embouchure de flûte; dans ce cas le vent de la soufflerie en se brisant contre le biseau de la paroi produit une infinité de sons, et le tuyau agit comme résonnateur pour renforcer l'un d'eux. Suivant la force du vent, le même tuyau peut donner une série de sons. Si l'on emploie une embouchure à anche, l'air du tuyau fait le même nombre de vibrations que l'anche et le son reste le même.

Tuyaux fermés. Lois. — 1° *Tuyaux fermés.* L'extrémité opposée à l'embouchure est fermée. Le son rendu le plus grave se nomme son fondamental; il correspond à un nœud à l'extrémité fermée, et à un ventre à l'autre; par suite la longueur L du tuyau est égale à $\frac{\lambda}{4}$. Si l'on force le vent, on a le premier harmonique qui présente un nœud intermédiaire, et alors $L = 3\frac{\lambda}{4}$.

Pour le deuxième harmonique, on aura deux nœuds intermédiaires et $L = 5\frac{\lambda}{4}$... En résumé, les sons que le tuyau peut renforcer ont des longueurs d'onde satisfaisant à (160) :

$$L = (2K + 1)\frac{\lambda}{4}, \quad \text{et comme } V = N\lambda, \text{ on a aussi : } \quad N = \frac{(2K + 1)V}{4L},$$

formule qui donne le nombre de vibrations du son fondamental ($K = 0$) ou d'un harmonique quelconque, connaissant L et V.

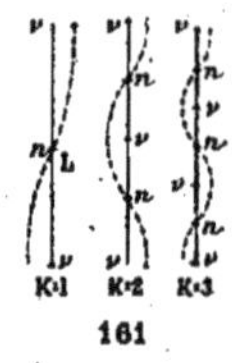

160

2° *Tuyaux ouverts.* — Dans ce cas, il y a un ventre aux deux extrémités et le son fondamental ou le plus grave correspond à un seul nœud intermédiaire. On a par suite : $L = \frac{\lambda}{2} = 2\frac{\lambda}{4}$. En forçant le vent, on obtiendra successivement les divers harmoniques avec 2, 3, 4... nœuds intermédiaires; par suite, pour ces harmoniques on a : $L = 2\frac{\lambda}{2}$, $L = 3\frac{\lambda}{2}$... et en général : $L = K\frac{\lambda}{2}$ (161), en tenant compte aussi que $V = N\lambda$, la formule générale devient :

$$N = K\frac{V}{2N},$$

le son fondamental correspondant à $K = 1$, les harmoniques à $K = 2 = 3 = 4$...

Ces formules montrent :

Que les sons rendus par les tuyaux fermés ont des nombres de vibrations qui croissent comme la série des nombres impairs 1, 3, 5...

Que les sons des tuyaux ouverts ont des nombres de vibrations croissant comme la série des nombres 1, 2, 3, 4...

Que les sons fondamentaux d'un tuyau ouvert et d'un tuyau fermé de même longueur sont à l'octave l'un de l'autre, le tuyau fermé étant à l'octave grave.

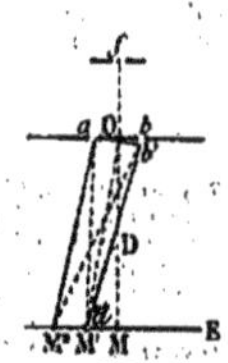

161

Dans l'orgue on utilise spécialement des tuyaux de longueur fixe, mais avec les instruments ordinaires de musique, qui sont des instruments à anche, on obtient une foule de sons avec le même tuyau en faisant varier sa longueur avec des clés, ou encore en forçant le vent.

Optique.

Nature de la lumière. Analogies avec le son. — Tous les corps, quel que soit leur état, peuvent devenir lumineux, pourvu qu'ils soient portés à une température assez élevée pour devenir incandescents. On admet alors que leurs molécules exécutent des vibrations excessivement rapides, et que ces vibrations se propagent par l'intermédiaire d'un milieu impondérable très élastique que l'on nomme *éther*. Cet éther existe partout, même dans le vide et au milieu des molécules des corps; quand ce mouvement vibratoire atteint la rétine, l'œil fait percevoir la sensation de la lumière.

On explique les lumières de diverses couleurs comme les sons de diverses hauteurs; elles proviennent de vibrations plus ou moins rapides. Et de même que l'oreille n'entend pas les vibrations trop lentes ou trop rapides, de même l'œil ne voit pas les vibrations plus lentes que le rouge (400 trillions à la seconde), ou plus rapides que le violet (800 trillions à la seconde). La série des couleurs du spectre correspond à une octave.

Interférence de la lumière. — Comme pour le son, on peut mettre en évidence le mouvement vibratoire de la lumière par le phénomène des interférences; en superposant deux lumières dans des conditions convenables on peut obtenir des ondes stationnaires qui, dans ce cas, se traduiront par des régions éclairées ou obscures. Si sur une plaque photographique noire on fait avec un canif deux fentes fines, distantes d'un demi-millimètre, et si on les éclaire avec la lumière qui passe par une autre fente *f* parallèle, vivement éclairée, on reconnait d'abord que la lumière qui sort des fentes *a* et *b* ne marche pas en ligne droite, les fentes se comportent comme des sources lumineuses (phénomène de diffraction), et sur un écran E éloigné (1m environ) on voit des franges alternativement brillantes et obscures. Pour les expliquer, remarquons que *f* étant à égale distance de *a* et de *b*, les mouvements vibratoires sur ces deux fentes sont toujours concordants, donc ils arriveront toujours concordants au milieu M qui sera éclairé. Pour un point voisin M', tel que $M'b - M'a = \frac{\lambda}{2}$, les mouvements arriveront discordants et il y aura obscurité. En M'', tel que $M''b - M''a = 2\frac{\lambda}{2}$, il y a de nouveau concordance et par suite lumière. De même à droite du milieu M. Si les franges sont produites avec de la lumière rouge, elles sont plus larges qu'avec la lumière bleue ou violette (162).

162

Soient d la distance des deux premières franges, D la distance de l'écran à la plaque, $2a$ la distance des fentes a et b, en décrivant de M' comme centre un arc de cercle de rayon M'a, la distance bb' vaudra $\frac{\lambda}{2}$ et les deux triangles rectangles semblables OMM' et abb' donnent :

$$\frac{d}{\left(\frac{\lambda}{2}\right)} = \frac{OM'}{2a}, \quad \text{ou sensiblement} \quad \frac{d}{\left(\frac{\lambda}{2}\right)} = \frac{D}{2a}, \quad \text{d'où} \quad \lambda = \frac{4ad}{D}.$$

On voit ainsi que, connaissant $2a$ et D et mesurant d à la loupe, on peut calculer λ. On a trouvé : pour le rouge $0\mu,685$, pour le jaune $0\mu,560$, pour le violet $0\mu,410$.

Si enfin N est le nombre de vibrations d'une couleur, on a $V = N\lambda$; V étant la vitesse connue de la lumière ou 3×10^{10} cent. On en déduit que N égale :

pour le rouge, 435 trillons ; pour le jaune, 535 trillons ; pour le violet, 730 trillons.

L'expérience précédente est brillante, si l'on éclaire les fentes a et b avec le collimateur d'un spectroscope, et si on observe les franges avec la lunette. Mais, dans ce cas, les mesures ne sont plus possibles.

Spectres infra-rouge et ultra-violet. — On sait déjà que, pour obtenir un spectre pur du Soleil ou d'une source quelconque, il faut faire passer la lumière par une fente fine, parallèle à l'arête du prisme, et recevoir les rayons sortant du prisme sur une lentille achromatique, qui projette le spectre sur un écran. Nous savons que le spectre ne se réduit pas à la partie lumineuse ; il contient une foule de radiations obscures moins réfrangibles que le rouge, et d'autres radiations obscures plus réfrangibles que le violet.

Pour étudier ces dernières, on doit produire le spectre avec un prisme et une lentille de quartz. En le projetant sur un papier sensible, on reconnaît que le papier est impressionné bien au delà du violet, et qu'il existe des raies dans ce spectre ultra-violet. Son étendue correspond à deux octaves et la longueur d'onde extrême est de $0\mu,1$.

Pour étudier le spectre infra-rouge, on emploiera un prisme et une lentille en sel gemme. On reconnaîtra l'existence des radiations infra-rouges, en déplaçant dans le spectre un fil fin de platine noirci qui absorbe toute l'énergie de la radiation correspondante, et par suite s'échauffe et devient plus résistant. Ce fil fait partie d'une des branches d'un pont de Wheatstone, et les plus faibles variations de conductibilité sont accusées. On a pu constater ainsi que la plus grande longueur d'onde infra-rouge est de 80μ. Donc le spectre infra-rouge contient plus de 6 octaves, et le spectre solaire total en contient plus de 9.

Le spectre coloré correspond à la gamme R_0 et, à l'inverse des gammes sonores, le spectre ultra-violet contient les gammes R_{-1} et R_{-2}, tandis que le spectre infra-rouge contient les gammes R_1, R_2, R_3, etc... — Nous verrons que les ondes électromagnétiques ont toutes les propriétés de la lumière ; les plus courtes longueurs d'onde obtenues ont été de 3 millimètres. Donc entre 3^{mm} et 80μ, il existe un espace correspondant à des radiations encore inconnues.

Phosphorescence et fluorescence. — En général, les corps deviennent lumineux quand on les chauffe, ou par incandescence. Mais il est des corps qui peuvent devenir lumineux à la température ordinaire, on dit alors qu'il y a *phosphorescence* ou *fluorescence*. Les deux phénomènes ont d'ailleurs la même cause et ils ne diffèrent que par leur durée.

1° *Phosphorescence.* — Les sulfures alcalino-terreux, lorsqu'ils sont exposés à la lumière solaire ou à celle de l'arc, puis brusquement portés à l'obscurité, projettent une lumière colorée plus ou moins vive, et pendant un temps assez long. Il en est de même si on les soumet à des étincelles électriques dans un tube de Geissler. On admet que ces substances absorbent les rayons très réfrangibles, et spécialement les rayons ultra-violets, puis les transforment en radiations moins réfrangibles et par suite lumineuses (loi de Stokes). On le vérifie d'ailleurs en plaçant ces substances dans le spectre ultra-violet, et elles s'illuminent.

2° *Fluorescence.* — D'autres substances, comme la dissolution de sulfate de quinine, l'esculine, absorbent aussi les radiations très réfrangibles pour les transformer et les rendre lumineuses. Seulement, le phénomène cesse immédiatement avec la cause qui le produit. La fluorescence est en définitive une phosphorescence instantanée. Le diamant, les manchons Auer, le verre jaune d'uranium, le platinocyanure de baryum, sont des substances fluorescentes.

Courants alternatifs. — Un courant est dit *périodique* quand son intensité reprend les mêmes valeurs au bout d'un temps constant appelé *période*. Le courant périodique le plus intéressant est le courant alternatif sinusoïdal, dans lequel les intensités varient comme le sinus d'un angle croissant de 0 à 2π : par suite les intensités sont positives pendant une demi-période, et négatives pendant la deuxième demi-période.

Alternateurs. — Ces courants se produisent quand on fait tourner uniformément un circuit dans un champ uniforme ; les appareils industriels qui les produisent se nomment *alternateurs*. En principe, ils se composent d'un inducteur mobile, formé par un volant portant sur sa circonférence des pôles alternés d'électroaimants, et d'un induit fixe consistant en une couronne portant autant de bobines qu'il y a de pôles. Ces bobines sont à gros fil, et le même fil s'enroule alternativement en sens inverse de l'une à l'autre. Quand le pôle N s'approche, puis s'éloigne de la bobine B, le flux croît, puis décroît à travers B, et le fil de cette bobine est parcouru par un courant alternatif. En même temps, le pôle S s'approche, puis s'éloigne de la bobine B' ; il s'y produit un courant alternatif de sens inverse au premier, mais, comme les enroulements sont aussi inverses, les deux courants alternatifs s'ajoutent en circulant dans le même sens d'un bout à l'autre du fil. Le voltage dépendra de la rapidité de variation du flux. l'intensité dépendra de la résistance du fil. Avec des fils relativement fins et de nombreuses spires autour des bobines, on pourra obtenir 2000 volts par exemple, et une intensité de 50 ampères (163).

163

Propriétés des courants alternatifs. — L'intensité moyenne d'un courant alternatif est nulle, et cependant il produit de l'énergie. En particulier, il échauffe le fil qu'il traverse ; cette chaleur ne dépendant pas du sens du courant. On appelle *intensité efficace* d'un courant alternatif l'intensité du courant continu qui, dans le même temps, avec le même fil, produit la même quantité de chaleur. — La force *électromotrice efficace* du courant alternatif est celle du courant continu qui, sous l'intensité efficace, produit le même dégagement de chaleur. Ce sont ces deux quantités qui caractérisent un courant alternatif. On les mesure avec des appareils spéciaux, des ampèremètres et des voltmètres thermiques.

Un courant alternatif de faible fréquence pourrait dévier l'aiguille d'un galvanomètre à droite et à gauche à chaque demi-période, mais si la fréquence est voisine de 50, l'aiguille tremble, mais ne dévie plus. — De même, dans un voltamètre, avec une faible fréquence on pourrait avoir dans les deux éprouvettes un mélange tonnant ; si la fréquence est grande, il n'y a plus de décomposition. — Une lampe à incandescence peut présenter une série de maxima d'éclat ; avec une grande fréquence l'éclat paraît uniforme, mais les variations peuvent être révélées par un miroir tournant.

Les courants alternatifs sont utilisés pour l'éclairage par lampes ou par arcs, pour animer des moteurs et spécialement les moteurs à champ tournant, enfin pour le transport de l'énergie. On peut en effet, avec un transformateur, élever le voltage de 2000 volts à 20000 volts, et l'intensité diminuera de 50 ampères à 5 ampères, de sorte que le courant peut circuler sur un fil de cuivre relativement fin et peu coûteux sans produire beaucoup de chaleur, qui est de l'énergie perdue.

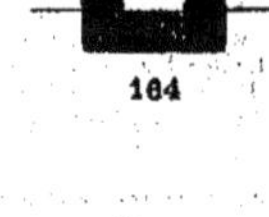
164

Transformateurs. — Un transformateur est un appareil qui permet de changer le voltage d'un courant alternatif, tout en lui conservant à peu près la même énergie. Il se compose d'un circuit magnétique fermé, rectangulaire ou circulaire (164), et sur deux côtés opposés sont enroulées des bobines formant un circuit primaire et secondaire. — Supposons que le courant d'un alternateur arrive au primaire ; ce courant fera naître un flux alternatif qui circulera dans le cadre de fer, et ce flux engendrera un courant alternatif dans le secondaire. — Si on suppose que la différence de potentiel aux bornes du primaire soit de 5000 volts avec 1000 spires, il y aura une différence de 5 volts par spire, et, s'il n'y a pas de pertes, il y aura aussi 5 volts par spire dans le secondaire, par suite on rendra la tension 50 fois plus faible en prenant 20 tours de spires dans le secondaire. D'une manière générale, si E et E' sont les forces électromotrices des deux courants et n et n' les nombres de spires des bobines, on a $\frac{E}{E'} = \frac{n}{n'}$. L'appareil est réversible et le voltage peut être augmenté. Le rendement peut atteindre 95 p. 100.

L'appareil est plus pratique en prenant un circuit magnétique circulaire formé par un faisceau d'anneaux de fer doux et en enroulant autour de ce circuit une série de bobines primaires, séparées par des bobines secondaires.

Bobine de Ruhmkorff. — La bobine de Ruhmkorff transforme un courant discontinu et de même sens en un courant alternatif à haut voltage ; par un artifice, on n'utilise qu'une partie de ce courant sous forme d'étincelles.

Elle se compose de deux bobines concentriques, l'une intérieure A inductrice, à fil gros et court, en relation avec une pile et dont l'axe est occupé par un faisceau de fils de fer doux ; l'autre extérieure induite B, à fil long et fin et dont les deux extrémités aboutissent à deux bornes *a* et *b*, auxquelles on attache deux autres fils extérieurs *f* et *f'* ne se rejoignant pas. Si l'on fait passer un courant dans A, il se produit dans B un courant induit inverse qui est arrêté par l'interruption ; si on supprime le courant, il se produit un courant direct, violent, impétueux et qui franchit l'intervalle d'air en donnant une étincelle (165). Pour avoir une succession rapide d'étincelles, on emploie le trembleur *t* à ressort ; l'axe de fer doux l'attire quand le courant passe, ce qui supprime son contact avec la vis V, alors le courant est interrompu, l'axe se désaimante, le ressort touche de nouveau la vis et rétablit le courant, et ainsi de suite.

165

A chaque interruption, une étincelle jaillit entre f et f' ; une autre jaillit entre le ressort et la vis, due à l'extra-courant de rupture. Elle peut souder la vis au ressort, et, en prolongeant la durée de l'interruption, elle affaiblit le courant induit direct. On atténue ces effets : 1° avec un interrupteur à mercure ; le mercure est recouvert d'une couche d'alcool très mauvais conducteur qui s'interpose entre le mercure et la pointe du trembleur (166) ; 2° avec le condensateur de Fizeau. Il est composé d'un nombre pair de feuilles d'étain isolées les unes des autres et communiquant les unes au ressort et les autres à la vis. Les électricités mises en mouvement par l'extra-courant se répandent sur ces lames en diminuant de potentiel, puis se recombinent à travers le circuit de la pile en produisant dans la bobine induite un courant induit qui s'ajoute au courant induit direct de rupture.

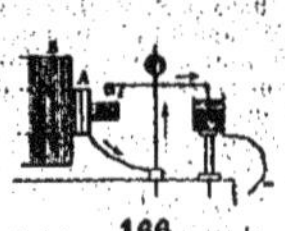

166

Enfin, la bobine induite est cloisonnée, ou divisée en tronçons pour éviter la production d'étincelles entre les divers tours de spire.

La bobine de Ruhmkorff peut produire tous les effets de l'électricité statique : en particulier, fondre des fils, charger un condensateur, décomposer ou combiner des gaz, illuminer des tubes de Geissler. On l'emploie spécialement aujourd'hui pour produire les rayons cathodiques, les rayons X, et pour la télégraphie sans fil.

Décharges dans les gaz raréfiés. — Rayons cathodiques. — Rayons X.

Décharges dans les gaz raréfiés. — A la pression atmosphérique, l'air ou les gaz sont mauvais conducteurs, et entre deux boules de 1 centimètre de diamètre, il faut une différence de potentiel de 100000 volts pour obtenir une étincelle de 15 centimètres de longueur. Si on raréfie progressivement le gaz, avec la même différence de potentiel la longueur de l'étincelle augmente, et des phénomènes nouveaux apparaissent.

On fait les expériences avec les tubes de Geissler, de formes très variables, et portant à leurs deux extrémités des fils de platine soudés au verre (électrodes) (167).

167

Si la pression du gaz est d'environ 1mm, une lumière qui part de l'anode envahit le tube, mais cette lumière n'atteint pas la cathode, un espace obscur les sépare.

Le passage des étincelles rend le gaz incandescent, par suite lumineux, et la lumière est surtout brillante dans la partie étranglée du tube figuré. Cette partie, placée devant la fente d'un spectroscope, fait voir les raies brillantes du gaz. La couleur de la lumière varie avec la nature du gaz ; de plus, ces étincelles provoquent la fluorescence du verre, surtout s'il est à base d'oxyde d'uranium, et même la fluorescence des liquides qui entourent le tube. Enfin, ces étincelles se comportent comme un courant allant de l'anode à la cathode et obéissant à l'action d'un aimant extérieur suivant la loi d'Ampère (œuf de de la Rive).

Si la pression intérieure du gaz est de $\frac{1}{10}$ de millimètre, la lumière est coupée de raies sombres et courbes ; c'est le phénomène des *stratifications*.

Rayons cathodiques. — Si la pression descend vers $\frac{1}{1000}$ de millimètre, on a les tubes de Crookes et les phénomènes sont complètement changés. On ne voit plus de lumière intérieure, mais la partie du tube opposée à la cathode est fluorescente et illuminée en vert. Crookes admet alors que les particules gazeuses restées dans le tube s'électrisent négativement au contact de la cathode, puis sont repoussées en ligne droite en constituant ce qu'on nomme les *rayons cathodiques* ; elles frappent ainsi le verre qu'elles illuminent, en le rendant fluorescent.

En d'autres termes, les particules gazeuses électrisées se comportent comme des projectiles minuscules, lancés avec une grande vitesse, et susceptibles quand même de produire des effets manifestes à cause de leur grand nombre. Ainsi, on montre expérimentalement :

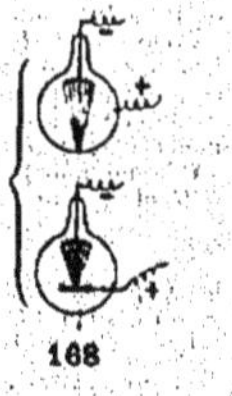

168

1° *Qu'ils marchent en ligne droite*, avec l'expérience de l'ombre de la croix d'aluminium ;

2° *Qu'ils peuvent fondre le verre ou les métaux.* — La cathode se termine par un miroir concave qui concentre les molécules soit sur la paroi de l'ampoule, soit sur une lame de platine (168).

3° *Qu'ils produisent des actions mécaniques* (actions sur les palettes d'un moulinet).

4° *Qu'ils transportent de l'électricité négative.* — On les dirige dans un petit vase de Faraday soudé à l'intérieur du tube, et relié à un électroscope extérieur (Perrin).

5° *Qu'ils obéissent à un aimant extérieur* et sont déviés suivant la loi d'Ampère.

Enfin, on a constaté en outre qu'ils produisent des réductions aux points frappés du verre, comme s'il y avait toujours de l'hydrogène dans le tube ; que leur vitesse est d'environ 10000 kil., et qu'à l'intérieur du tube ils provoquent la phosphorescence et la fluorescence.

Rayons X. — Les rayons cathodiques ne sortent pas de l'ampoule où on les produit, mais des points frappés par ces rayons s'échappent d'autres rayons qui sortent de l'ampoule, marchent en ligne droite, traversent le papier, le bois, la chair musculaire..., et sont arrêtés par les métaux, les os, etc. On les produit avec les *tubes focus*. La cathode, terminée par un miroir concave, concentre les rayons cathodiques qu'elle produit sur une lame de platine inclinée, et de ce point de concentration partent les nouveaux rayons, dits rayons Rœntgen ou rayons X. On peut les utiliser pour photographier le squelette de la main, par exemple, sur une plaque sensible; sur le cliché, les os seront en clair, et les chairs en sombre. Sur papier photographique ce sera l'inverse (169). Comme propriétés générales, nous dirons :

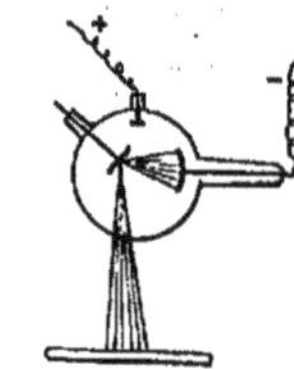
169

1° *Qu'ils provoquent la phosphorescence, la fluorescence et impressionnent les plaques photographiques.*
2° *Qu'ils ionisent l'air et les gaz*, c'est-à-dire les partagent en particules électrisées les unes positivement et les autres négativement; de sorte qu'un électroscope, chargé et placé sur le trajet de ces rayons, est immédiatement désélectrisé.
3° *Qu'ils ne sont pas électrisés et sont insensibles à l'aimant.*
4° *Qu'ils ne peuvent ni se réfléchir ni se réfracter.*

Par certains caractères, ils se rapprochent des rayons ultra-violets, par d'autres ils en diffèrent complètement. Ces rayons sont appliqués en médecine pour la recherche des projectiles dans le corps humain, ou pour examiner l'état des organes, mais pour ce but on regarde la partie du corps à travers un écran fluorescent de platinocyanure de baryum. De la même façon on peut voir l'intérieur des colis en douane; enfin, ces rayons peuvent servir à reconnaître les vraies pierres précieuses des fausses.

Oscillations électriques. — Principe de la télégraphie sans fil.

Oscillations électriques. — On obtient des courants alternatifs très rapides ou des oscillations électriques avec les décharges d'un condensateur. Si la décharge est faite par l'intermédiaire d'un fil rectiligne et très long, la décharge est unique, et toute son énergie est employée à chauffer le fil. Si la décharge est faite avec un fil gros et court, présentant seulement quelques spires, on obtient des décharges oscillantes, dont la fréquence varie entre 10^4 et 10^8 (170). Quand l'étincelle éclate, il se produit une variation de flux rapide dans les spires, et la force électromotrice d'induction charge la bouteille en sens inverse, et ainsi de suite, mais l'amortissement est très rapide. On peut constater ces étincelles successives et inverses avec un miroir tournant, et, de la distance des images, on peut déduire la fréquence. Ce phénomène est analogue à celui qu'on obtient en réunissant par un tube deux vases contenant de l'eau et situés à des niveaux différents. Si le tube est très étroit, l'égalité des niveaux se produit lentement et sans oscillations. Si le tube est large, l'égalité des niveaux ne se produit qu'après une série d'oscillations rapidement décroissantes.

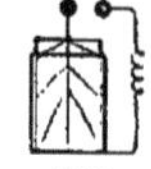
170

Si on emploie, comme Hertz, un conducteur de faible capacité et de résistance négligeable, on pourra obtenir des fréquences de 10^5 à 10^9. Son appareil a la forme de la figure 171; les grosses boules servent de condensateur, les tiges et les petites boules servent d'excitateur. Les deux parties sont reliées aux pôles d'une bobine donnant par exemple 100 étincelles par seconde. Quand la différence de potentiel entre les grosses boules est convenable, une étincelle éclate entre les petites, échauffe l'air et le rend conducteur; le condensateur fournit alors des décharges oscillantes entre les petites boules, et, comme la bobine recharge le condensateur, les décharges oscillantes sont entretenues. Ces décharges oscillantes font naître un champ magnétique alternatif de même période qui agit sur l'éther, et qui se propage avec la vitesse de la lumière.

Comme pour le son, ce mouvement peut se réfléchir sur une plaque métallique, et les ondes incidentes, se superposant aux ondes réfléchies, donnent des ondes stationnaires aux nœuds et ventres. Avec un simple anneau de cuivre présentant une petite interruption et jouant le rôle d'un résonnateur, Hertz a pu mesurer la distance de deux nœuds, distance qui vaut $\frac{\lambda}{2}$, et, en connaissant la fréquence n, la formule $V = n\lambda$ donnait la vitesse de propagation. Dans l'expérience de Hertz, $\frac{\lambda}{2}$ valait 1m,50, et par suite λ valait 3m. On a pu produire des longueurs d'onde de quelques millimètres seulement.

171

Les ondes électromagnétiques ainsi produites ont toutes les propriétés de la lumière :

1° *Elles se réfléchissent sur des métaux* en suivant les lois de réflexion de la lumière.
2° *Elles se réfractent.* Hertz l'a vérifié avec un prisme d'asphalte; l'indice trouvé était 1,7.
3° *Elles se diffractent, et contournent les obstacles.* (Ex. : télégraphie sans fil.)
4° *Les vibrations sont perpendiculaires au sens de propagation*, comme pour la lumière.

Entre ces ondes et celles qu'émet le Soleil, il n'y a donc qu'une différence de longueur d'onde; les plus longues connues et provenant du soleil ont 80μ, les plus courtes longueurs d'onde électromagnétiques ont 3mm, c'est-à-dire $3 \times 10^3\mu$.

Télégraphie sans fil. — *Principe de la télégraphie sans fil.* — La télégraphie sans fil utilise les ondes électromagnétiques ; on peut les produire avec l'appareil de Hertz en ayant soin toutefois de plonger les petites boules dans de l'huile de naphte pour éviter leur oxydation à l'air. La bobine est commandée par une clé de Morse, de façon à produire des trains d'onde courts ou longs.

Aujourd'hui, les étincelles oscillantes employées ont une fréquence de 200000 environ, la longueur d'onde atteint plus d'un kilomètre, et les obstacles sont plus facilement contournés. Un courant alternatif de 50 périodes est porté à 40000v par un transformateur et est employé à charger un condensateur, avec isolant de pétrole, dont les décharges oscillantes se produisent entre deux cylindres distants de quelques millimètres. L'un de ces cylindres communique au sol, l'autre est relié à une antenne élevée. Un gros fil, à une ou deux spires, réunit aussi les cylindres (172).

Pour recevoir ces ondes à grande distance, on a d'abord utilisé le cohéreur de M. Branly, mais aujourd'hui le récepteur nouveau est le *détecteur électrolytique*. Il se compose d'un petit tube contenant de l'eau acidulée et de deux électrodes, l'une formée par un amalgame d'étain, l'autre par un fil court de platine. Cette dernière est reliée à l'antenne réceptrice, l'autre au sol, mais elles sont aussi reliées toutes deux à un téléphone *t*. L'antenne d'émission est le siège d'un courant alternatif très rapide qui provoque les vibrations de l'éther dans tous les sens ; les vibrations qui frappent l'antenne réceptrice y font naître au contraire un courant alternatif, de sorte qu'en écoutant au téléphone on perçoit des chocs courts ou longs, suivant l'alphabet Morse, et il n'y a plus d'inscription. On semble entendre en définitive les successions d'étincelles fournies par l'éclateur (173). Avec une dépense d'énergie de 15 chevaux, on correspond facilement à plus de 2000 kilomètres ; par conséquent, avec 60 chevaux, le rayon d'action pourra atteindre 4000 et même 5000 kilomètres.

Antenne
Sol
172

Antenne
Sol
173

Exercices.

1. — La vitesse du son dans l'air étant de 331m à 0°, que vaut cette vitesse à 40°, le coefficient de dilatation de l'air étant $\frac{1}{273}$.

2. — La vitesse du son dans l'air à 15° étant 340m, que vaut cette vitesse dans l'anhydride carbonique de densité 1,59, à la même température ?

3. — La vitesse du son dans l'hydrogène à 0°, de densité 0,07, étant 1270m, quelle est sa vitesse dans un gaz de densité 2,24 à la même température ?

4. — Un son faisant 512 vibrations est produit devant un mur vertical qui réfléchit les ondes sonores ; fixer la position des nœuds et des ventres qui se produiront. On donne la vitesse du son 340m.

5. — Une sirène a été mise à l'unisson d'un tuyau ; le plateau de la sirène porte 20 trous, et on constate qu'il fait 130 tours en 5 secondes ; en déduire la hauteur du son.

6. — Deux observateurs sont à 100m d'un mur vertical et sont à 200m l'un de l'autre. Si l'un d'eux tire un coup de pistolet, l'autre entend deux sons, et l'on demande d'évaluer le temps qui séparera l'arrivée de ces deux sons.

7. — Un diapason rend la note sol_2, on demande de fixer la série des harmoniques de ce son par des notes de la gamme.

8. — Une corde tendue rend la note fa_3, de combien faut-il la raccourcir pour lui faire rendre la note *si*♯ ?

9. — Quel est le nombre de vibrations d'une corde de 0m,80 de long, de 1/2 millimètre de diamètre, de densité 7,7 et tendue par une masse de 3 kilog. ? On donne $g = 980$.

10. — Deux cordes de même diamètre et de même longueur sont l'une en fer, de densité 7,7, et l'autre en argent, de densité 10,5. La corde en argent est tendue par un poids de 2kg, et on demande le poids qui doit tendre la corde de fer pour que le son qu'elle rend soit la quinte du son de la corde d'argent.

11. — Un tuyau fermé rend le deuxième harmonique qui suit le son fondamental. Quelle est la disposition des nœuds et des ventres ? Quel est le nombre de vibrations de ce son si la longueur du tuyau est 50c et $V = 340^m$?

12. — Un tuyau ouvert donne fa_3 pour le 3e harmonique, quelle est la longueur du tuyau, sachant que $V = 340^m$? Si on ferme le tuyau, que sera le 5e harmonique ?

13. — Un tuyau ouvert a pour son fondamental ut_3. Quelle est la longueur du tuyau, sachant que la_3 fait 435 vibrations et que $V = 331^m$?

14. — Un tuyau fermé résonne à 15° en présentant deux nœuds distants de 20c. Quelle est la longueur du tuyau, la hauteur du son, la longueur du tuyau ouvert, dont le son est le 3e harmonique du précédent ? $V = 340^m$.

15. — Une sirène, dont le plateau a 16 trous, est à l'unisson d'un diapason faisant 256 vibrations. Le disque fait 4 tours pendant qu'un pendule fait une oscillation, quelle est la longueur de ce pendule ?

16. — Deux tuyaux identiques de 73cm de long sont alimentés l'un par de l'hydrogène, et l'autre par de l'oxygène. Le premier rend la note la_4, et cette même note est le 3e harmonique du second. Trouver la vitesse du son dans les deux gaz, sachant que $la_3 = 435$ vibrations.

17. — Une corde de fer, de densité 7,7, rend la note do_3 en ayant 1m de long, et étant tendue par un poids de 4 kilog. Trouver le poids de cette corde.

18. — Un tube de verre large et ouvert aux deux bouts contient un certain gaz, et il peut servir de résonnateur à un diapason faisant 537 vibrations simples. Quelles sont les longueurs d'onde des sons que peut renforcer le tube, et quelle est la vitesse du son dans ce gaz en supposant que le son renforcé était le son fondamental du tube ?

BIBLIOTHÈQUE ... IMPRIMÉS

SAINT-CLOUD. — IMPRIMERIE BELIN FRÈRES

91

Documents manquants (pages, cahiers...)

NF Z 43-120-13

www.ingramcontent.com/pod-product-compliance
Ingram Content Group UK Ltd.
Pitfield, Milton Keynes, MK11 3LW, UK
UKHW020412230726
13925UKWH00004B/1374